acatech POSITION

CCU und CCS – Bausteine für den Klimaschutz in der Industrie

Analyse, Handlungsoptionen und Empfehlungen

acatech (Hrsg.)

DEUTSCHE AKADEMIE DER TECHNIKWISSENSCHAFTEN

Die Reihe acatech POSITION

In dieser Reihe erscheinen Positionen der Deutschen Akademie der Technikwissenschaften zu technikwissenschaftlichen und technologiepolitischen Zukunftsfragen. Die Positionen enthalten konkrete Handlungsempfehlungen und richten sich an Entscheidungsträger in Politik, Wissenschaft und Wirtschaft sowie die interessierte Öffentlichkeit. Die Positionen werden von acatech Mitgliedern und weiteren Experten erarbeitet und vom acatech Präsidium autorisiert und herausgegeben.

Alle bisher erschienenen acatech Publikationen stehen unter www.acatech.de/publikationen zur Verfügung.

Inhalt

Zusammenfassung	5
Projekt	8

1 Treibhausgasneutralität der Industrie und CCU/CCS nach dem Abkommen von Paris — 10
1.1 Der Auftrag des Pariser Klimaschutzabkommens — 10
1.2 Wege zur THG-Minderung in der Industrie — 11
1.3 Rechtzeitige Verfügbarkeit aller Optionen — 11
1.4 CCU und CCS als Elemente einer übergreifenden Strategie zur THG-Neutralität — 12

Grundlagen

2 CO_2-Emissionen aus Industrieprozessen in Deutschland — 14
2.1 Emissionsbilanz der Industrie — 14
2.2 Vermeidungsoptionen in aktuellen Minderungsszenarien — 17

3 Abscheidung und Transport von CO_2 — 21
3.1 Abscheidetechnologien — 21
   3.1.1 Post-Combustion Capture — 21
   3.1.2 Oxyfuel-Verfahren — 22
   3.1.3 Pre-Combustion Capture — 22
3.2 Transport — 22

4 Die CCU-Technologie — 24
4.1 CO_2 als Rohstoff — 24
4.2 Wirtschaftlichkeit — 26
4.3 Auswirkungen auf die Infrastruktur — 27
4.4 CO_2-Fußabdruck — 27

5 CCS – Technische und geologische Voraussetzungen — 29
5.1 Die Technologie der CO_2-Speicherung — 29
   5.1.1 Speichermechanismen — 29
   5.1.2 Speicheroption Erdgaslagerstätten — 30
   5.1.3 Speicheroption saline Aquifere — 32
5.2 Erfahrungen mit der Speicherung von CO_2 — 32
5.3 Speicherkapazitäten unter der Nordsee, der Norwegischen See und in Deutschland — 32

6	**Gesetzliche Regelungen, politische Rahmenbedingungen, technische Normen**	**35**
	6.1 Gesetzliche Regelungen	35
	6.1.1 Ziele und Anwendungsbereich des Kohlendioxidspeicherungsgesetzes	35
	6.1.2 CO_2-Abscheidung	35
	6.1.3 Transport des abgeschiedenen CO_2	35
	6.1.4 Einrichtung und Betrieb von CO_2-Speichern	36
	6.1.5 Raumplanung	36
	6.2 CCU und CCS als politische Handlungsfelder	36
	6.2.1 Deutschland	36
	6.2.2 Europäische Union	37
	6.3 Technische Normen und Risiken	37

CCU und CCS im Kontext von Wirtschaft und Gesellschaft

7	**CCU und CCS – Gemeinsamkeiten und Unterschiede**	**40**
	7.1 Motivationen der Entwicklung von CCU und CCS	40
	7.2 Quellen und Verbleib des verwendeten CO_2	40
	7.3 Nachhaltigkeitspotenziale und Wertschöpfung	41
	7.4 Wahrnehmung, Akzeptanz und Folgen einer mangelnden Trennung von CCU und CCS	41
8	**Ökonomie von CCU und CCS sowie CCS-Markteinführung**	**43**
	8.1 THG-neutrale Industrieproduktion	43
	8.2 Die wichtige Rolle eines Marktbereiters für CCS	44
	8.2.1 Gewissheit schaffen	44
	8.2.2 Schaffung von Marktbereiter-Institutionen	45
	8.2.3 Finanzierung von Marktbereitern und CCS-Clustern	45
	8.2.4 Geschäftsmodelle	45
9	**Wahrnehmung von CCU und CCS in der Öffentlichkeit**	**48**
	9.1 Die Sichtweise in der Öffentlichkeit	48
	9.2 Untersuchungen zu Aspekten der Wahrnehmung	48
	9.3 Auswirkungen auf die Akzeptanz	50

Ausblick

10 Handlungsoptionen und Empfehlungen	**54**
11 Fazit und Ausblick	**55**
Anhang	**58**
Abbildungsverzeichnis	58
Tabellenverzeichnis	59
Abkürzungsverzeichnis	60
Literatur	**61**

Zusammenfassung

Das Klimaschutzabkommen von Paris kam aufgrund wissenschaftlicher Erkenntnisse über die Entwicklung des Klimas und die sich abzeichnenden gravierenden Folgen des menschengemachten Anteils am Klimawandel zustande. Aber auch die Maßnahmen, die von den Unterzeichnerstaaten ergriffen werden müssen, um die jeweils selbst gesteckten Ziele des Abkommens zu erreichen, haben schwerwiegende Folgen. Für Deutschland gehen sie weit über die Schritte der erfolgreich begonnenen Energiewende hinaus, die bisher vor allem den Stromsektor erfasst. Große Herausforderungen stehen den Bereichen Heizung/Wärme, Landwirtschaft, Verkehr und den energieintensiven Industrien, hier insbesondere der Eisen- und Stahlerzeugung, der Chemie- und der Zementindustrie bevor; sie können die Bevölkerung in vielfältiger Weise und unmittelbar betreffen (Heiz- und Dämmkosten, Ernährungsweise, Individualverkehr, Mehrkosten für Baustoffe, Metallprodukte und chemische Erzeugnisse, Veränderungen am Arbeitsmarkt).

Im Fokus dieser POSITION steht der deutsche Industriesektor. Das Sektorziel für die energieintensiven Industrien, auf die 1990 circa ein Fünftel der Treibhausgasemissionen (THG-Emissionen) Deutschlands entfielen, sieht eine Halbierung auf 140 bis 143 Millionen Tonnen Kohlendioxidäquivalente (CO_2-Äquivalente) im Jahr 2030 vor.[1,2] Bis zum Jahr 2016 konnten die Emissionen aus diesem Sektor aufgrund vielfältiger Maßnahmen bereits auf 188 Millionen Tonnen CO_2-Äquivalente reduziert werden. Weitere deutliche Minderungen stehen jedoch für die kommenden Jahre bis 2050 an. Dies wirft wichtige Fragen auf: Sind die Gesellschaften – in Deutschland und den übrigen unterzeichnenden Ländern – auf die notwendigen Einschnitte durch die in Paris vereinbarten und in nationalen Klimaschutzplänen festgelegten Ziele vorbereitet? Wie kann der energieintensive Industriesektor seine Herausforderungen bis 2030 respektive 2050 meistern? Sind ausreichende Vorlaufzeiten für Forschung, Planung, Erprobung und Umsetzung von Technologien in den benötigten Dimensionen gegeben? Welche Veränderungen sind für den Arbeitsmarkt zu erwarten? Eine breite öffentliche Diskussion darüber, welche Konsequenzen sich dabei für jede Einzelne und jeden Einzelnen ergeben, ist bislang weitgehend unterblieben.

Für den Industriesektor sind alle Optionen der Verringerung von THG-Emissionen in Erwägung zu ziehen. Im Wesentlichen lassen sich folgende Optionen bei der Vermeidung von CO_2-Emissionen unterscheiden und sind in dieser Priorisierung vorzusehen: erstens Vermeidung von CO_2-Ausstoß durch höhere Effizienz, zunehmende Elektrifizierung sowie Energie-, Prozess- und Materialsubstitution, zweitens Verwertung von ausgestoßenem CO_2 durch Verlängern der stofflichen Nutzung, also Carbon Capture and Utilization (CCU), und drittens dauerhafte geologische Speicherung der restlichen, nicht anderweitig vermeidbaren CO_2-Emissionen durch Carbon Capture and Storage (CCS). Eingelagertes CO_2 soll im Bedarfsfall als Rohstoff rückgefördert werden können.

Allgemein wird angenommen, dass Emissionsreduktionen bis 2030 wesentlich durch Material- und Energieeffizienz sowie durch verstärkte Nutzung erneuerbarer Energien erzielt werden können. Ab 2030, wenn dieses Potenzial zunehmend ausgeschöpft ist, werden mehr und mehr neue Verfahren, Materialien und Technologien ins Blickfeld rücken müssen: neben der Nutzung CO_2-freier oder -neutraler Energieträger, neuer Prozesse und weiterer Elektrifizierung auch die Technologien CCU und gegebenenfalls CCS. Technisch möglich und zum Teil in unterschiedlichen Größenordnungen erprobt sind sowohl CCU als auch CCS; wesentliche Unterschiede gibt es hinsichtlich ihres strategischen Potenzials, ihrer Einbettung in CO_2-Minderungsszenarien und ihrer Umsetzbarkeit aufgrund früherer Akzeptanzdebatten. Auch die Beweggründe, warum der Einsatz von CCU und CCS erwogen werden sollte, sind unterschiedlich.

CCU findet vornehmlich Anwendung aus Gründen einer Kreislaufführung von Kohlenstoff und einer THG-neutralen Produktion; die damit einhergehende Wirksamkeit in Bezug auf den Klimaschutz ist willkommen. Das Mengenpotenzial einer Mehrfachnutzung von industrieseitig emittiertem CO_2 verbunden mit der Herstellung von synthetischen Kraft- und Brennstoffen unter Nutzung erneuerbarer Energien erscheint beträchtlich. Eine Diskussion über die Konsequenzen, etwa den schon in naher Zukunft erheblich größeren Bedarf am Ausbau regenerativer Energien, hat in der Öffentlichkeit bisher jedoch nicht stattgefunden.

Mit CCS können vergleichsweise große Mengen CO_2 dauerhaft in tiefe Untergrundschichten der Erde verbracht werden. Die Akzeptanz und die Einschätzungen möglicher Risiken von CCS in Öffentlichkeit und Fachwelt liegen weit auseinander. Es hat sich eine politisch erfolgreiche Protestbewegung gegen sogenannte „CO_2-Endlager" gebildet. Auch politisch wird CCS deshalb als Option selten offen diskutiert, eine technologieoffene Entwicklung von Strategien zur THG-Neutralität auf diese Weise erschwert.

---

1 | Vgl. BMUB 2016.
2 | CO_2 ist mit rund 86 Prozent an den gesamten THG-Emissionen das bedeutendste Treibhausgas. Wird die Klimawirkung anderer Treibhausgase in die von CO_2 umgerechnet, ergibt sich als Summe die Emissionsmenge der CO_2-Äquivalente.

Bisher wurden CCS-Maßnahmen in erster Linie im Zusammenhang mit der Reduktion von CO_2-Emissionen aus Kohlekraftwerken diskutiert. Die vorliegende POSITION erachtet den Einsatz von CCS für den Kraftwerkssektor als nicht sinnvoll; sie beschränkt sich auf eine Betrachtung von CCS für prozessbedingte CO_2-Emissionen aus dem Bereich der energieintensiven Industrien, die technologisch nicht vermeidbar sind.

Die chemische Industrie ist in vielfältiger Weise auf Kohlenstoff angewiesen. Dieser wird derzeit überwiegend aus fossilen Rohstoffen (Erdöl, Erdgas, Kohle) gedeckt. CO_2 ist neben Biomasse eine alternative Kohlenstoffquelle und eröffnet die Möglichkeit, den Kohlenstoffkreislauf in der industriellen Nutzung zumindest teilweise zu schließen. Die wesentlichen Nachhaltigkeitspotenziale von CCU-Anwendungen liegen in der Einsparung fossiler Rohstoffe. In Deutschland wird die großskalige Anwendung von CCU-Technologien maßgeblich von der Wirtschaftlichkeit sowie davon abhängen, wann und wo welche Mengen an erneuerbarer elektrischer Energie zur Verfügung stehen. Technologische Neuerungen könnten das Ausmaß der Nutzung dieser Technologien künftig noch erhöhen, jedoch wird die aus ihrem möglichen Einsatz resultierende Klimaschutzwirkung erst in unbestimmter Zeit in großem Ausmaß zur Verfügung stehen. Ob die Verpflichtungen, die sich für die Industrie aus dem Pariser Abkommen bis 2050 ergeben, allein durch Anwendung sämtlicher oben genannten CO_2-Vermeidungs- und Minderungsoptionen sowie die Nutzung von CO_2 erreicht werden können, erscheint fraglich.[3] Die grundlegenden politischen Entscheidungen, die in der aktuellen Legislaturperiode diesbezüglich anstehen, sollten daher über das Portfolio dieser Maßnahmen hinausgehen.

Entgegen der ablehnenden Haltung gegenüber CCS in Teilen der Bevölkerung verweisen Fachleute aus den Ingenieur- und Geowissenschaften auf langjährige Erfahrungen in der sicheren CO_2-Speicherung, unter anderem unter der Nordsee, der Norwegischen See sowie in Kanada und den USA. Damit die Klimaschutzziele erreicht werden, sollten auch die Skeptikerinnen und Skeptiker der CCS-Technologie – unter Berücksichtigung sicherheitstechnischer Fortschritte – CCS als gangbaren Weg betrachten können, zumal die Risiken aufgrund strenger Prüf- und Genehmigungsverfahren gering sind. In Deutschland wurde mit dem Kohlendioxidspeicherungsgesetz (KSpG) von 2012 kein Anreiz geschaffen, CCS anzuwenden. Den Bundesländern wurde die Möglichkeit einer „Opt-out"-Klausel eingeräumt, von der weitgehend Gebrauch gemacht wurde. Für die Zukunft wäre in Erfahrung zu bringen, ob die Länder ihre Entscheidung unter dem Gesichtspunkt, CCS für anderweitig nicht vermeidbare Industrieemissionen einzusetzen, überprüfen würden.

Mit zunehmender CO_2-Einsparung werden weitere Maßnahmen der THG-Minderung im Industriesektor technisch aufwendiger – die schwierigeren Etappen auf dem Weg zum Erreichen der Klimaziele liegen also noch vor uns. Wenn CCS als Option ausscheidet, die anderen Optionen aber bereits ausgeschöpft sind beziehungsweise nicht mehr mit vertretbarem Aufwand weitergeführt oder ausgebaut werden können, ist der Handlungsspielraum begrenzt. Es ist daher fraglich, ob das kategorische Festhalten am derzeit strikten Verbot von CCS in Deutschland sinnvoll ist.

Wie zu Beginn der Debatte über den Einsatz von CCS vor etwa zehn Jahren fehlt es für den großskaligen Einsatz der CCU- und CCS-Technologien an einer klaren Roadmap. Eine Vielzahl nationaler und internationaler wissenschaftlicher Untersuchungen betrachten beide Pfade – CCU und CCS – als denkbare Bausteine, wenn nicht sogar als wesentliche Pfeiler, um die klimapolitischen Ziele des Pariser Abkommens kosteneffizient zu erreichen.

Eine auf CCU- und CCS-Technologien basierende CO_2-Minderung bei Industrieprozessen kann nur gelingen, wenn diese Technologien von großen Teilen der Zivilgesellschaft sowie maßgeblichen Vertreterinnen und Vertretern aus Industrie, Politik, Verbänden und Wissenschaft unterstützt werden. Insbesondere die CCS-Technologie wird nur dann eine Option für die weitergehende CO_2-Minderung sein können, wenn sie von den Bürgerinnen und Bürgern angenommen wird. Die aus jetziger Sicht vor allem ab 2030 benötigten Technologien müssen zeitnah weiterentwickelt und zur Marktreife gebracht werden, um rechtzeitig zur Verfügung zu stehen. Die nötige Infrastruktur muss geplant, genehmigt, finanziert und errichtet werden – bevorzugt in industriellen Regionalclustern, über Unternehmens- und Sektorgrenzen hinweg. Fragen geeigneter Geschäftsmodelle und der Finanzierung erforderlicher Infrastrukturen müssen aufgrund langer Vorlaufzeiten schon jetzt in den Vordergrund rücken.

Im Fall von CCU geht es vorrangig um eine weitere Entwicklung von technisch, ökologisch und ökonomisch umsetzbaren Technologien und deren Anerkennung als nachhaltige CO_2-Minderung

---

[3] So deuten globale Klimaschutzszenarien darauf hin, dass zum Erreichen des 2-Grad-Ziels wahrscheinlich und zum Erreichen des 1,5-Grad-Ziels in jedem Fall der Atmosphäre CO_2 entzogen werden muss („negative Emissionen"). Das Europäische Parlament hat im Januar 2018 gefordert, bis 2050 die CO_2-Emissionen auf null zu reduzieren und im darauffolgenden Zeitraum der Atmosphäre netto CO_2 zu entziehen (Europäisches Parlament 2018). Selbst optimistische Szenarien gehen davon aus, dass etwa 14 Millionen Tonnen CO_2-Äquivalente aus der Industrie, vor allem der Zement- und Kalkindustrie, unvermeidbar sind (UBA 2015).

im Rahmen der nationalen Klimaschutzziele.[4] Für die CCS-Technologie muss aufgrund der verbreiteten Vorbehalte zeitnah eine intensive Diskussion mit allen betroffenen Akteuren darüber stattfinden, ob, in welchen Bereichen und in welchem Umfang die CO_2-Speicherung zur Anwendung kommen könnte. Um eine Bereitschaft für den Einsatz von CCS zu schaffen, sollte sich eine CO_2-Speicherung im tiefen Untergrund auf anderweitig nicht vermeidbare CO_2-Emissionen aus dem Industriesektor beschränken. Zu klären ist weiterhin, für welche Emittenten der energieintensiven Industrien CCS prioritär zur Verfügung stehen soll, für welchen Zeitraum (sofern als Brückentechnologie), wer die Infrastruktur für Transport und Speicherung von CO_2 bereitstellt, wie dies bei Gewährleistung höchster Sicherheitsstandards am kostengünstigsten erfolgen kann, an welchen Standorten dies vorzugsweise geschehen soll – on-shore und/oder off-shore – und wer die Kosten trägt. Das Erstellen von Planungsgrundlagen, die gesellschaftliche Konsensfindung sowie die administrative und ingenieurtechnische Umsetzung erfordern konkretes und umgehendes Handeln.

Insgesamt muss auch eine Verständigung darüber erzielt werden, inwieweit CCU und CCS Elemente einer übergreifenden Strategie zur THG-Neutralität sind beziehungsweise werden müssen. Öffentlich geförderte Innovationsprogramme sowie die finanzielle Unterstützung bei der Erstellung von Infrastrukturen für Transport und Speicherung werden eine entscheidende Rolle bei der Entwicklung und Markteinführung spielen. Ebenso gilt es herauszufinden, ob und wie CCU und CCS in Zukunft einen Beitrag zur industriellen Wettbewerbsfähigkeit leisten können. Deutsche Firmen tragen weltweit durch innovative Produkte und Systemlösungen zum Klimaschutz bei und schaffen damit Wachstum und Arbeitsplätze – im Maschinen- und Anlagenbau, in der Elektroindustrie oder mit intelligenter Steuerungstechnik. Bestehende Wertschöpfungsketten und erfolgreiche Industriecluster sollten mit den erforderlichen Anpassungen erhalten bleiben, THG-Neutralität und industrielle Wettbewerbsfähigkeit miteinander in Einklang gebracht werden. Die frühzeitige Entwicklung der notwendigen Infrastrukturen kann das Vertrauen in den Fortbestand und den künftigen Erfolg industrieller Produktionslinien und -cluster erhöhen und auch dazu beitragen, die Vorbildfunktion des Technologiestandorts Deutschland zu erhalten.

Es ist offensichtlich, dass wir eine neue, unvoreingenommene Debatte darüber brauchen, ob wir uns für CCU und CCS als Optionen zur maßgeblichen Reduktion von CO_2-Emissionen aus dem Industriesektor entscheiden wollen und, falls ja, unter welchen Rahmenbedingungen. Nehmen wir das Paris-Abkommen ernst, müssen wir heute damit beginnen.

Die vorliegende acatech POSITION richtet sich vorrangig an die politisch Handelnden und die interessierte Öffentlichkeit, an Entscheidungsverantwortliche und Fachleute aus allen Bereichen der betroffenen Industrien sowie an mögliche Fördermittelgeber und Investoren. Die Stellungnahme soll in dreierlei Hinsicht Impulse liefern:

- Erstens soll das Positionspapier einen wissenschaftlich fundierten Beitrag zur weiteren Ausgestaltung der deutschen Klimaschutzstrategie leisten und grundsätzliche Fragen eines breiten Einsatzes von CCU sowie – für technologisch nicht vermeidbare Emissionen aus unverzichtbaren Industrieprozessen – von CCS als möglichen Bausteinen des Klimaschutzes adressieren. Im Koalitionsvertrag bekennt sich die Bundesregierung zu den im Rahmen des Pariser Klimaschutzabkommens vereinbarten Klimazielen 2020, 2030 und 2050 und zur Technologieoffenheit.[5] Durch das Aufzeigen von Chancen, Risiken und Grenzen von CCU und CCS im Hinblick auf CO_2-Minderungsoptionen und ihrer Wahrnehmung in der Öffentlichkeit sollen wichtige Hinweise für den möglichen Einsatz dieser Technologien im Bereich der energieintensiven Industrien gegeben werden.

- Zweitens weist das Positionspapier auf die technologische Bedeutung und den möglichen Beitrag zum Klimaschutz von CCU und CCS bei der Minderung von CO_2-Emissionen energieintensiver Industrien hin. Die betroffenen Industrien (unter anderem Chemie, Eisen und Stahl, Zement) sind volkswirtschaftlich sehr bedeutend. Forschung und Entwicklung zu Emissionsminderungsmaßnahmen steigern die Innovationsfähigkeit und Wertschöpfung in Deutschland.

- Drittens will das Papier dazu beitragen, eine breite gesellschaftliche Diskussion über mögliche Emissionsminderungspfade von Industrieprozessen mittels CCU und CCS und ihre Implikationen anzustoßen. Beim Einsatz von CCU und CCS erscheint aufgrund der starken Interdisziplinarität, des hohen technologischen Komplexitätsgrades und der beschäftigungsrelevanten Konsequenzen der Handlungsfelder eine Kooperation von Wissenschaft, Industrie und Gesellschaft zwingend erforderlich.

---

4 | Hierzu bedarf es einheitlicher Bewertungskriterien und Standards über die gesamte Lebenszeit jeglicher CCU-Erzeugnisse (Life Cycle Assessment).
5 | Vgl. Bundesregierung 2018.

Projekt

Projektleitung

- Prof. Dr. Hans-Joachim Kümpel, acatech

Projektgruppe

Kerngruppe

- Christoph Bals, Germanwatch
- Dr. Erika Bellmann, WWF Deutschland
- Dr. Andreas Bode, BASF SE
- Prof. Dr. Ottmar Edenhofer, Potsdam-Institut für Klimafolgenforschung e. V. (PIK)
- Prof. Dr. Manfred Fischedick, Wuppertal Institut für Klima, Umwelt, Energie
- Dr. Lars-Erik Gaertner, The Linde Group
- Dr. Peter Gerling, Bundesanstalt für Geowissenschaften und Rohstoffe (BGR)
- Jonas M. Helseth, Bellona Foundation
- Prof. Dr. Michael Kühn, Helmholtz-Zentrum Potsdam/ Deutsches GeoForschungsZentrum GFZ
- Dr. Axel Liebscher,[6] Helmholtz-Zentrum Potsdam/Deutsches GeoForschungsZentrum GFZ
- Dr. Barbara Olfe-Kräutlein/Prof. Dr. Ortwin Renn, Institute for Advanced Sustainability Studies e. V. (IASS)
- Dr. Jörg Rothermel, Verband der Chemischen Industrie e. V. (VCI)
- Dr. Christoph Sievering, Covestro Deutschland AG
- Rob van der Meer, HeidelbergCement
- Prof. Dr. Kurt Wagemann, DECHEMA Gesellschaft für Chemische Technik und Biotechnologie e. V.
- Prof. Dr. Marion A. Weissenberger-Eibl, Fraunhofer-Institut für System- und Innovationsforschung ISI
- Dr. Marcus Wenzelides, acatech Geschäftsstelle
- Dr. Christoph Wolff,[7] European Climate Foundation (ECF)

Erweiterte Projektgruppe

- Dr. Jan-Justus Andreas, Bellona Foundation
- Dr. Tobias Fleiter, Fraunhofer-Institut für System- und Innovationsforschung ISI
- Dr. Sabine Fuss, Mercator Research Institute on Global Commons and Climate Change (MCC)
- Tim Heisterkamp, The Linde Group
- Dr. Mathias Hellriegel, Malmendier Hellriegel Rechtsanwälte
- Dennis Krämer, DECHEMA Gesellschaft für Chemische Technik und Biotechnologie e. V.
- Dr. Gunnar Luderer, Potsdam-Institut für Klimafolgenforschung e. V. (PIK)
- Dr.-Ing. Hans Bodo Lüngen, Stahlinstitut VDEh
- Dr. Franz May, Bundesanstalt für Geowissenschaften und Rohstoffe (BGR)
- Henriette Naims, Institute for Advanced Sustainability Studies e. V. (IASS)
- Andreas Paetz, DIN – Normenausschuss Wasserwesen (NAW)
- Katja Pietzner, Wuppertal Institut für Klima, Umwelt, Energie
- Dr. Dirk Scheer, Karlsruher Institut für Technologie (KIT)
- Dr. Manfred Treber, Germanwatch
- Werner Voß, Industriegewerkschaft Bergbau, Chemie, Energie (IG BCE)
- Dr. Simon Wolf, European Climate Foundation (ECF)

Reviewer

- Prof. Dr. Michael Dröscher, Gesellschaft Deutscher Naturforscher und Ärzte e. V.
- Prof. Dr. Armin Grunwald, Karlsruher Institut für Technologie (KIT)
- Prof. Dr. Bernhard Rieger, Technische Universität München (TUM)
- Prof. Dr.-Ing. Ulrich Wagner, Technische Universität München (TUM)

Projektkoordination

Dr. Marcus Wenzelides, acatech Geschäftsstelle

---

6 | Jetzt Bundesamt für kerntechnische Entsorgungssicherheit.
7 | Jetzt Weltwirtschaftsforum.

Projektlaufzeit

06/2016 bis 10/2018

Diese acatech POSITION wurde im August 2018 durch das acatech Präsidium syndiziert.

Finanzierung

acatech dankt der European Climate Foundation, BASF SE, Covestro Deutschland AG, The Linde Group und dem acatech Förderverein für die Unterstützung.

1 Treibhausgasneutralität der Industrie und CCU/CCS nach dem Abkommen von Paris

Der Klimawandel ist eine der größten Herausforderungen für die Menschheit. Mit dem Pariser Klimaschutzabkommen hat sich die internationale Staatengemeinschaft verpflichtet, die Erderwärmung auf deutlich unter 2 Grad Celsius zu begrenzen und Anstrengungen zu unternehmen, damit die Erwärmung 1,5 Grad Celsius nicht übersteigt. In der zweiten Hälfte dieses Jahrhunderts soll das Ziel der Treibhausgasneutralität (THG-Neutralität) erreicht sein.

1.1 Der Auftrag des Pariser Klimaschutzabkommens

Aus der Klimaforschung ist bekannt, dass die globale Erwärmung seit Beginn der Industrialisierung mit der kumulierten Gesamtmenge an CO_2-Emissionen fortschreitet. Aus diesem Zusammenhang kann abgeleitet werden, dass das erlaubte Gesamtbudget des in die Atmosphäre emittierten CO_2 beschränkt ist, wenn ein gesetztes Ziel bei der weltweiten Temperaturzunahme nicht überschritten werden soll. Für die 2-Grad-Grenze verbleiben derzeit nur noch knapp 800 Milliarden Tonnen CO_2 – eine Menge, die dem 25-Fachen der momentanen globalen Jahresemissionen entspricht.[8] Für das Einhalten der 1,5-Grad-Grenze ist das erlaubte Gesamtbudget naturgemäß noch niedriger.[9] Die angestrebte Klimastabilisierung kann demnach nur gelingen, wenn die globalen CO_2-Emissionen so bald wie möglich stark reduziert werden.[10]

Mit dem Beschluss der Konferenz von Paris im Dezember 2015 hat die Klimaschutzdiskussion auch für Deutschland und die EU eine neue Dynamik bekommen. Im Lichte des Pariser Abkommens werden die deutschen Klimaschutzziele neu justiert, Absichtsbekundungen aus dem Energiekonzept 2010 sind nunmehr als Mindestziele des deutschen Beitrags zur Einhaltung der 2-Grad-Grenze anzusehen. Zentral für das Einhalten der eingegangenen Verpflichtungen ist der Ende 2016 von der Bundesregierung beschlossene Klimaschutzplan 2050, der, bezogen auf das Jahr 1990, auf weitgehende THG-Neutralität bis 2050 abzielt.

Die entscheidende Neuerung des Klimaschutzplans ist die erstmalige Formulierung von Emissionsminderungszielen für Treibhausgase aller wichtigen volkswirtschaftlichen Sektoren für das Jahr 2030, um das im Energiekonzept der Bundesregierung von 2010 gesetzte Ziel einer THG-Reduktion um mindestens 55 Prozent bis 2030 gegenüber 1990 zu erreichen.[11] Zwar liegt der Beitrag Deutschlands zum weltweiten Emissionsbudget gegenwärtig bei „nur" 2,2 Prozent,[12] ein Verfehlen der im Paris-Abkommen genannten Ziele könnte aber auch bei anderen Staaten dazu führen, dass die Verpflichtungen zum Klimaschutz nicht mit der gebotenen Ernsthaftigkeit verfolgt werden. Eine Klimaschutzwirkung über Deutschland hinaus hätte zudem die Bereitstellung von Technologien zur Emissionsminderung oder -vermeidung.

Das für Deutschland formulierte *Sektorziel für die Industrie*[13] sieht ausgehend von 283 Millionen Tonnen CO_2-Äquivalenten[14] im Jahr 1990 eine Minderung auf 140 bis 143 Millionen Tonnen CO_2-Äquivalente im Jahr 2030 vor – das entspricht einer Reduktion um 49 bis 51 Prozent. Bis 2050 werden Deutschland und andere Industrieländer das obere Ende des 80- bis 95-Prozent-Reduktionskorridors für 2050 erreichen oder überschreiten müssen, um die Erreichbarkeit einer Klimastabilisierung bei um 2 Grad Celsius erhöhter Temperatur zeigen zu können und gleichzeitig eine nachhaltige wirtschaftliche Entwicklung in anderen Erdteilen zu ermöglichen. Die Steigerung von Energie- und Materialeffizienz und die Elektrifizierung unter Verwendung von zunehmend erneuerbar erzeugter elektrischer Energie werden entscheidende Beiträge zur Minderung von Industrieemissionen leisten müssen. Einige Industrieprozesse der Grundstoffindustrien werden mit diesen Hebeln allein jedoch auch auf lange Sicht kaum klimaneutral gestaltet werden können. Zusätzlich sind innovative und bisher noch nicht im mengenmäßig erforderlichen Maßstab verfügbare Technologien notwendig.

---

8 | Vgl. MCC 2018.
9 | Vgl. Climate Home News 2018.
10 | Vgl. Luderer et al. 2018.
11 | Allerdings betont die Bundesregierung auch, dass diese Ziele keine starren Vorgaben sind; ihre Aufschlüsselung nach Sektoren (nicht jedoch die Gesamtmenge) soll regelmäßig angepasst werden, das erste Mal im Jahr 2018.
12 | Vgl. Statista GmbH 2018.
13 | Der Sektor Industrie umfasst laut Klimaschutzplan alle Emissionen aus Verbrennungsprozessen und der Eigenstromversorgung des verarbeitenden Gewerbes sowie Emissionen aus industriellen Prozessen und der Produktverwendung fluorierter Gase. Mit 188 Millionen Tonnen CO_2-Äquivalenten war der Sektor im Jahr 2016 der zweitgrößte Emittent in Deutschland.
14 | Maß für die in CO_2-Mengen umgerechnete Treibhausgaswirkung einer Substanz.

1.2 Wege zur THG-Minderung in der Industrie

Die Bundesregierung betont im Klimaschutzplan 2050 Technologieoffenheit und die Notwendigkeit von Innovationen. Effizienzsteigerung, Brennstoffwechsel (Einsatz von Biomasse oder Energieträgern mit geringeren CO_2-Emissionen) und Elektrifizierung des Energiebedarfs können in manchen Bereichen der Industrie bereits kurzfristig zum Einsatz kommen und so bis 2030 schon einen deutlichen Beitrag zu den mittelfristigen Reduktionszielen leisten. Für die über 2030 hinausgehend angestrebten hohen THG-Minderungen sind neue Prozesse, Materialien und Technologien notwendig, die bereits Gegenstand aktueller Forschung und Entwicklung sind. Damit deren mittelfristige kommerzielle Nutzung auf den Weg gebracht werden kann, müssen baldmöglichst verlässliche Rahmenbedingungen gesetzt werden.

Die Emissionsbilanzen der Industrie (vgl. Kapitel 2) lassen erwarten, dass die konsequente Reduktion des Energie- und Materialverbrauchs, die Elektrifizierung unter Verwendung von Strom aus erneuerbaren Energien, geeignete Materialsubstitutionen, Brennstoffwechsel, verbessertes Recycling und selbst die zunehmende Umstellung auf Low-Carbon-Prozesse (beispielsweise Direktreduktionsstahl) wohl nicht ausreichen werden, um die THG-Neutralität im Industriesektor zu erreichen.[15] Für verbleibende Emissionen sollten daher auch die Verfahren zur Abscheidung und Nutzung oder Speicherung von CO_2 in den energieintensiven Industrien in Erwägung gezogen werden, also die Verfahren Carbon Dioxide Capture and Utilization (verkürzt Carbon Capture and Utilization, CCU) und Carbon Dioxide Capture and Storage (verkürzt Carbon Capture and Storage, CCS).

CCU bezeichnet die Abscheidung von CO_2 aus industriellen Prozessen primär zum Zwecke einer chemischen Verwertung des CO_2 (siehe Kapitel 4).[16] CCS ist eine Klimaschutzmaßnahme, bei der aus solchen Prozessen abgeschiedenes CO_2 sicher in Gesteinsformationen des tiefen Untergrunds eingelagert wird (Kapitel 5); für den Bedarfsfall soll CO_2 als Rohstoff wieder rückgefördert werden können.[17] Ein möglicher Einsatz von CCS wird in dieser Stellungnahme nicht auf den Energiesektor bezogen, sondern ausschließlich mit dem Ziel der Minderung von anderweitig nicht vermeidbaren CO_2-Emissionen aus dem Industriesektor betrachtet. In anderen Berichten wird mitunter auch die Nutzung von CO_2 zur Steigerung von Pflanzenwachstum als CCU-Maßnahme verstanden.[18] Diese Option wird im Kontext der vorliegenden Ausführungen ebenso wenig betrachtet wie die Nutzung oft großer Mengen abgeschiedenen Kohlendioxids zur Ausbeutesteigerung von Kohlenwasserstofflagerstätten (Enhanced Oil Recovery, EOR, beziehungsweise Enhanced Gas Recovery, EGR).[19]

1.3 Rechtzeitige Verfügbarkeit aller Optionen

Vor allem die nach 2030 benötigten Technologien müssen zeitnah zur Marktreife gebracht werden, um rechtzeitig einen Beitrag zum Klimaschutz leisten zu können. Die nötige Infrastruktur muss konzipiert, genehmigt, geplant, gebaut und finanziert werden, häufig über Unternehmens- und Sektorgrenzen hinweg. Fragen nach möglichen sektorübergreifenden Geschäftsmodellen und deren Finanzierung sind aufgrund langer Vorlaufzeiten schon jetzt relevant. Im Falle des Einsatzes von CCU und CCS stellen sich zudem Fragen nach der Bereitschaft in der Gesellschaft, dem systemimmanenten Minderungspotenzial, der ökologischen Nachhaltigkeit und der praktischen Umsetzbarkeit damit verbundener Marktmodelle.

Voraussetzung für einen maßgeblichen klimaschutzwirksamen Einsatz von CCU-Technologien ist die gesellschaftliche und politische Akzeptanz eines schnellen, massiv verstärkten Ausbaus der Stromerzeugung aus erneuerbaren Energien, denn nahezu alle CCU-Prozesse sind sehr energieintensiv und bringen bei dem heutigen deutschen Strom-Mix keinen Klimaschutzeffekt.

Ein Klimaschutzeffekt entsteht bei CCU nur, wenn die eingesetzte elektrische Energie aus regenerativen Quellen stammt. Dafür muss sichergestellt sein, dass die Gewinnung erneuerbarer Energien so umfassend ausgebaut wird, dass sie den erheblichen Mehrbedarf für CCU-Prozesse – zusätzlich zu dem sonstigen Bedarf an elektrischer Energie, der allein durch Elektromobilität und Wärmepumpen ohnehin ansteigen wird – decken kann.[20]

---

15 | Vgl. McKinsey & Company 2018.
16 | Vgl. Zimmermann/Kant 2017.
17 | Beispielsweise zur Förderung des Wachstums verwertbarer Algen (als Zukunftsoption).
18 | Vgl. Chowdhury et al. 2017.
19 | Bei diesem insbesondere in Nordamerika häufig eingesetzten Verfahren verbleibt der weitaus größte Teil des genutzten CO_2 dauerhaft in der Lagerstätte.
20 | Die Ausbauziele für erneuerbare Energien müssen dafür an den zusätzlichen Bedarf angepasst werden. Die im Erneuerbare-Energien-Gesetz 2017 vorgesehenen Ausbaukorridore sind aller Voraussicht nach zu gering (acatech/Leopoldina/Akademienunion 2017).

Auch bedarf es für jede Art von CCU-Erzeugnissen einer ganzheitlichen Betrachtung einschließlich einheitlicher Bewertungskriterien und Standards für die CO_2-Minderung über die gesamte Lebenszeit der erzeugten Produkte (Life Cycle Assessment). Dabei kann ein angemessen hoher und langfristig verlässlicher, global zunehmend harmonisierter CO_2-Preis klimafreundlichen Technologien perspektivisch einen Wettbewerbsvorteil gegenüber konventionellen, CO_2-intensiven Herstellungsverfahren verschaffen und derzeit noch unwirtschaftliche Veredelungspfade in den Bereich der Wirtschaftlichkeit heben. Darüber hinaus ist es für alle Arten von CCU-Geschäftsmodellen bedeutsam, welchem Akteur in der CO_2-Nutzerkette die Eigenschaft der CO_2-Freiheit oder -Neutralität zuerkannt wird und wer weiterhin als CO_2-Emittent gilt – ein Sachverhalt, der bislang nicht abschließend geregelt ist.[21]

Für den möglichen Einsatz der CCS-Technologie muss eine intensive Diskussion mit allen gesellschaftlichen Akteuren darüber stattfinden, ob und in welchen Bereichen sowie in welchem Umfang die Speicherung von CO_2 – on-shore oder off-shore – bei den Klimaschutzanstrengungen in Deutschland wie auch in der EU eine Rolle spielen soll. Konzepte zur Sicherheit, langfristigen Verlässlichkeit und Nachhaltigkeit von CCS-Lösungen sind dabei wesentliche Unterlagen, die der Genehmigung staatlicher Bergbehörden bedürfen. Die Finanzierung einer CCS-Infrastruktur für Transport und Speicherung von CO_2 muss geklärt werden. Große Bedeutung für die praktische Realisierbarkeit hat auch die rechtzeitige Entwicklung von technischen Normen für den CO_2-Transport und die CO_2-Speicherung, die bereits weit fortgeschritten ist (siehe Kapitel 6.3).

1.4 CCU und CCS als Elemente einer übergreifenden Strategie zur THG-Neutralität

Für den Industriesektor sind alle Optionen der Verringerung von THG-Emissionen in Erwägung zu ziehen. Vorrangig gehören hierzu die Vermeidung von CO_2-Ausstoß durch höhere Effizienz, zunehmende Elektrifizierung sowie Energie-, Prozess- und Materialsubstitution. Diese Optionen erfordern zum Teil noch beträchtliche Forschungsanstrengungen und Innovationen.[22] Mit der Absicht einer Fokussierung auf die in der Gesellschaft zu führenden Debatten zu den CCU- und CCS-Technologien werden sie an dieser Stelle jedoch nicht vertieft. Damit auch CCU und CCS als Klimaschutzmaßnahmen wirksam sein können, gilt es, eine Verständigung darüber zu erzielen, in welchem Maße diese Technologien Elemente einer übergreifenden Strategie zur THG-Neutralität werden sollen und von allen gesellschaftlichen Akteuren als solche verstanden werden. Öffentlich geförderte Innovationsprogramme, marktgerechte Rahmenbedingungen und finanzielle Unterstützung für das Errichten neuer Infrastrukturen werden eine entscheidende Rolle bei der Entwicklung und Markteinführung von CO_2-Minderungsoptionen spielen. Hierzu bedarf es zusätzlicher interdisziplinärer Forschungsanstrengungen, möglichst mit Beteiligung der Industrie und der Zivilgesellschaft, um zu einer weitgehend konsensualen Beurteilung des Beitrags der verschiedenen Minderungsoptionen zu den Klimaschutzzielen zu kommen. Insbesondere sind Aspekte der Wirtschaftlichkeit und Akzeptanz zu berücksichtigen; auch die Frage, welche Prioritäten die Bundesregierung und andere öffentliche Institutionen durch Setzen geeigneter Anreize verfolgen sollten, gilt es zu klären.

Entscheidungen und Beschlüsse zur Vorgehensweise sollten zeitnah getroffen werden, um die notwendige Planungs- und Investitionssicherheit für neue Klimaschutztechnologien zu schaffen. Nur so kann gewährleistet werden, dass die Einführung dieser Technologien sowohl zum Klimaschutz als auch zum Erhalt der industriellen Wettbewerbsfähigkeit beiträgt.

---

21 | Beispielsweise kommt bei der Verwertung von CO_2 zur Herstellung von Kraftstoffen der CO_2-abscheidende Industriesektor oder der den Kraftstoff nutzende Verkehrssektor infrage.
22 | Vgl. etwa McKinsey & Company 2018.

Grundlagen

2 CO₂-Emissionen aus Industrieprozessen in Deutschland

2.1 Emissionsbilanz der Industrie

Die gesamten THG-Emissionen Deutschlands, umgerechnet in CO_2-Äquivalente, betrugen im Jahr 2016 909 Millionen Tonnen; das entspricht einem Rückgang um 27 Prozent im Vergleich zu 1990. CO_2 ist mit rund 86 Prozent an den gesamten THG-Emissionen das bedeutendste Treibhausgas. Etwa 21 Prozent der deutschen THG-Emissionen entfielen 2016 auf den Industriesektor (Abbildung 1). Nach der Energiewirtschaft weist damit der Industriesektor mit 188 Millionen Tonnen CO_2-Äquivalenten die zweithöchsten Emissionsmengen auf. Die hierbei verwendete Quellenbilanz nach der UNFCCC-Systematik[23] berücksichtigt alle in den jeweiligen Sektoren anfallenden Emissionen, das heißt, für die Industrie werden sowohl Emissionen aus der Verbrennung der fossilen Energieträger Kohle, Erdöl und Erdgas als auch prozessbedingte Emissionen berücksichtigt; Biomasse wird als CO_2-neutral verbucht. Emissionen aus dem Einsatz von Sekundärenergieträgern wie elektrische Energie oder Fernwärme werden dagegen dem Sektor Energiewirtschaft zugeschrieben,

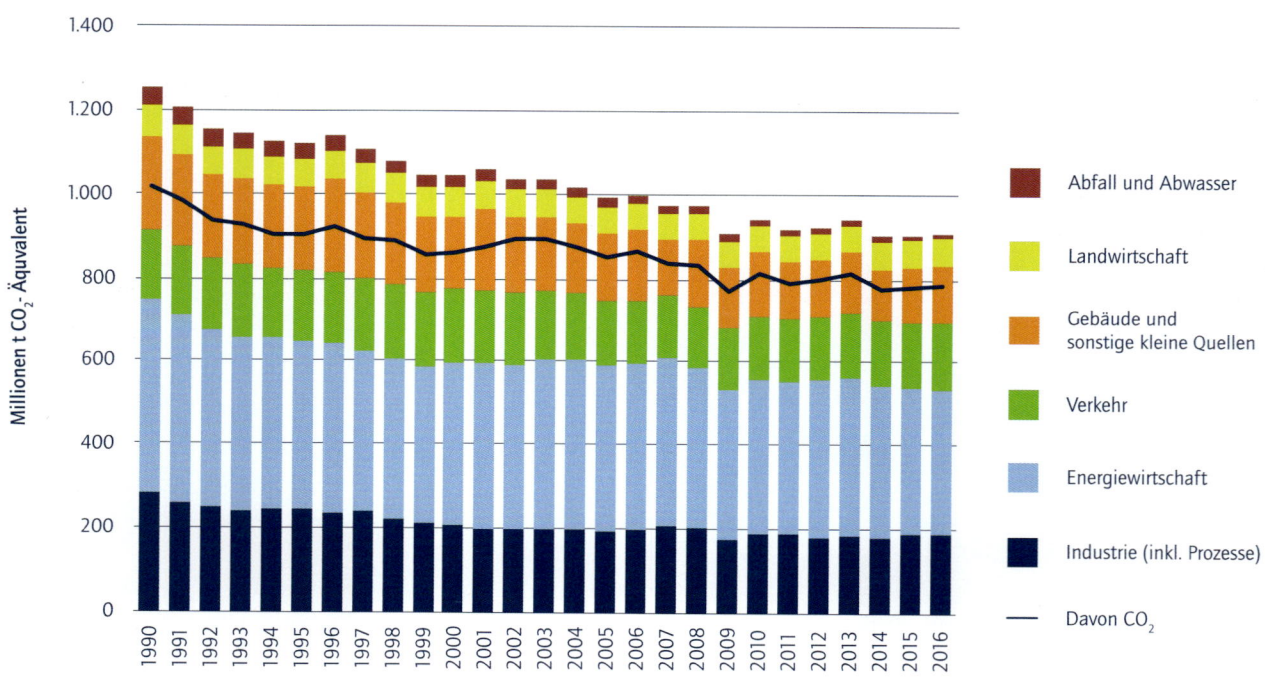

Abbildung 1: Entwicklung der THG-Emissionen in Deutschland nach Sektoren. Der Sektor Industrie entspricht der Sektordefinition laut Klimaschutzplan (Quellen: UBA 2018a, UBA 2018b).

---

[23] | Die Bilanzierung von THG-Emissionen kann auf unterschiedliche Weise erfolgen. Zum einen berichten Länder ihre Emissionen nach dem Common Reporting Framework (CRF) der UNFCCC. Zum anderen sind Emissionsbilanzen aus dem EU-Emissionshandel verfügbar. Beide Datensätze bilanzieren nach Quellenbilanz, das bedeutet, Emissionen, die aus der Verwendung von elektrischer Energie oder Fernwärme entstehen, werden nicht im Industriesektor, sondern in der Stromerzeugung bilanziert. Bezüglich der Untergliederung der Industrie unterscheiden sich die Datensätze deutlich. Die UNFCCC-Bilanz unterscheidet beispielsweise prozess- und energiebedingte Emissionen sowie Emissionen aus Stromeigenerzeugung und Kraft-Wärme-Kopplung, das Emissionsregister des EU-Emissionshandels weist Aktivitäten beziehungsweise Branchen wie Eisen und Stahl, Mineralölraffinerien, Zementklinker etc. separat aus und erlaubt eine räumliche Darstellung. Aufgrund vielfältiger definitorischer Unterschiede sind beide Datensätze nicht direkt miteinander vergleichbar, jedoch enthalten sie die großen Emissionsquellen und zeichnen zusammen ein relativ detailliertes Bild der THG-Emissionen in der Industrie in Deutschland.

auch wenn der Strom in der Industrie genutzt wird.[24] Nachfolgend fußen alle Angaben zu THG-Emissionen auf dieser Quellenbilanzierung.

Abbildung 2 zeigt die Entwicklung der THG-Emissionen in Deutschland für den Industriesektor entsprechend der Definition des Sektorziels für das Jahr 2030 (laut Klimaschutzplan). Demnach enthält der Industriesektor im Wesentlichen Emissionen aus Prozessen, Wärmeerzeugung, Kraft-Wärme-Kopplung sowie Stromeigenerzeugung. Der industrielle Prozesswärmebedarf variiert stark, je nach Produktionsprozess und Branche. Während in der Nahrungsmittelindustrie beispielsweise Warmwasser und Dampf auf niedrigem Temperaturniveau verwendet werden, benötigen manche Prozesse der Grundstoffindustrie (Stahl, Glas, Zement, Kalk etc.) Temperaturen von über 1.000 Grad Celsius.

Wichtige Quellen prozessbedingter Emissionen sind die Ammoniak-, Eisen- und Stahl- sowie Zementherstellung (Abbildung 3). Bei der Stahlherstellung entstehen prozessbedingte Emissionen durch die Reduktion des Eisenerzes, für welche Kohlenstoff benötigt wird. Bei der Zementherstellung entsteht CO_2 durch die Entsäuerung des Kalksteins und durch den Einsatz von Brennstoffen. Der Rückgang der THG-Emissionen im Sektor Industrie von 1990 bis 2016 um etwa 34 Prozent ist zu einem großen Teil auf die Minderung prozessbedingter Emissionen in der Chemieindustrie (vor allem Lachgas-Emissionen (N_2O) bei der Adipin- und Salpetersäureherstellung), den Rückgang des Einsatzes von Kohle und Erdöl für die Wärmeerzeugung (Kraft-Wärme-Kopplung) und die Steigerung der Energieeffizienz zurückzuführen.

Für den möglichen Einsatz von CCU und CCS spielt die räumliche Verteilung und Größe der einzelnen Punktquellen eine wichtige Rolle. In Tabelle 1 sind die mittleren THG-Emissionen einzelner Anlagen in Deutschland im Jahr 2014 dargestellt. Demnach wiesen Raffinerien mit etwa 0,87 Millionen Tonnen CO_2 die höchsten mittleren Emissionen je Anlage auf, gefolgt von Eisen- und Stahl- (je circa 0,35 Millionen Tonnen CO_2) und Zementwerken (0,30 Millionen Tonnen CO_2). Hierbei ist jedoch zu beachten, dass es sich um Mittelwerte aller im Emissionshandelssystem der EU (EU ETS) registrierten Anlagen handelt. Die Bandbreite der Emissionen einzelner Anlagen ist in allen Bereichen groß.

Aussagekräftiger ist die in Abbildung 4 dargestellte Reihung der laut EU ETS 50 emissionsstärksten Industrieanlagen Deutschlands im Jahr 2014. Diese Anlagen sind für etwa 68 Prozent der Emissionen des Industriesektors im EU ETS verantwortlich, wobei nur Anlagen mit einem jährlichen Mindestausstoß von 0,2 Millionen Tonnen CO_2-Äquivalente erfasst sind. Einzelne Anlagen über 1 Million Tonnen CO_2-Äquivalent-Emissionen jährlich sind besonders in den Branchen Eisen-Stahl, Grundstoffchemie und Raffinerien vertreten. Bei den Zementwerken emittieren viele Anlagen zwischen 0,2 und 1 Million Tonnen CO_2-Äquivalente

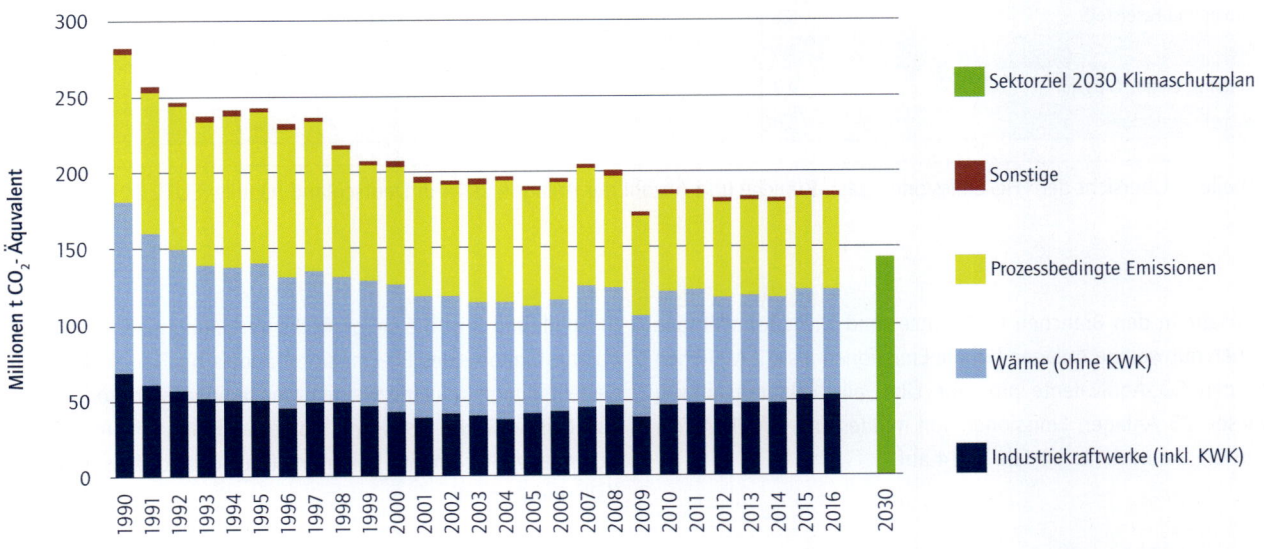

Abbildung 2: Entwicklung der THG-Emissionen des Sektors Industrie in Deutschland nach Quellentyp ohne Biomasse-Emissionen und Sektorziel 2030 laut Klimaschutzplan; KWK = Kraft-Wärme-Kopplung (Quellen: UBA 2018a, UBA 2018b)

24 | So belief sich der Endenergieverbrauch der Industrie 2015 auf 29,0 Prozent der insgesamt in Deutschland verbrauchten Energie; 29,5 Prozent entfielen auf den Verkehrssektor, 25,8 Prozent auf private Haushalte und 15,7 Prozent auf den Sektor Gewerbe, Handel und Dienstleistungen (BMWi 2017).

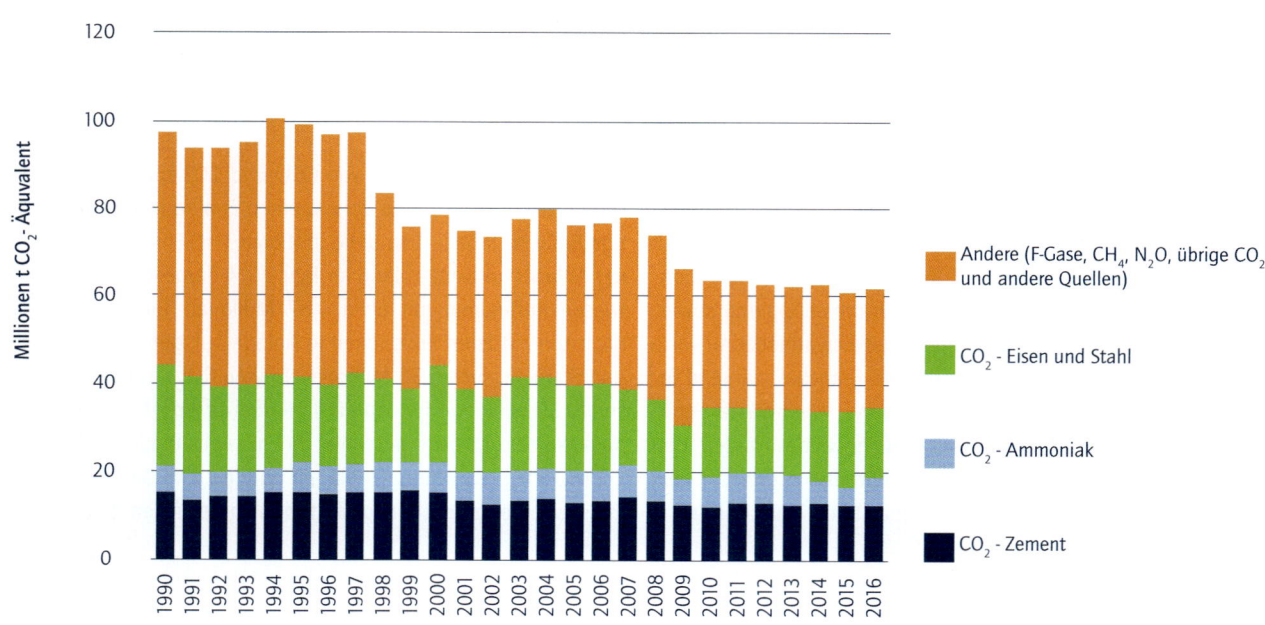

Abbildung 3: Entwicklung der prozessbedingten THG-Emissionen der Industrie in Deutschland (Quellen: UBA 2018a, UBA 2018b)

	THG-Emissionen [Mio. t CO_2-Äquiv./a]	Anzahl Anlagen	Mittlere Emissionen je Anlage [kt CO_2-Äquiv./a]	Maximale Emissionen [kt CO_2-Äquiv./a]
Eisen und Stahl	36,2	105	345	8.016
Zement und Kalk	29,0	97	299	1.965
Raffinerien	23,5	27	871	4.569
Grundstoffchemie	18,1	129	140	3.974
Papier und Faserstoff	5,6	148	38	343
Glas	3,9	84	46	243
Keramik, Ziegel, Gips etc.	2,7	171	16	84
Nicht-Eisen-Metalle	3,0	42	71	415

Tabelle 1: Übersicht der THG-Emissionen nach Branche und Anzahl der Anlagen 2014 in Deutschland (Quelle: EUTL 2017)

pro Jahr, in den Branchen Glas, Papier und Nicht-Eisen-Metalle haben nur wenige Anlagen höhere Emissionen als 0,2 Millionen Tonnen CO_2-Äquivalente pro Jahr. Über alle Sektoren hinweg wiesen 25 Anlagen Emissionen von mindestens 1 Million Tonnen CO_2-Äquivalente im Jahr 2014 auf.

In Abbildung 5 ist die geografische Verteilung maßgeblicher Industriestandorte des EU-Emissionshandels für Deutschland dargestellt. Einige Industriezweige treten regional stark konzentriert auf (beispielsweise Eisen- und Stahlerzeugung), andere verteilen sich relativ gleichmäßig über ganz Deutschland (beispielsweise Kalk und Zement).

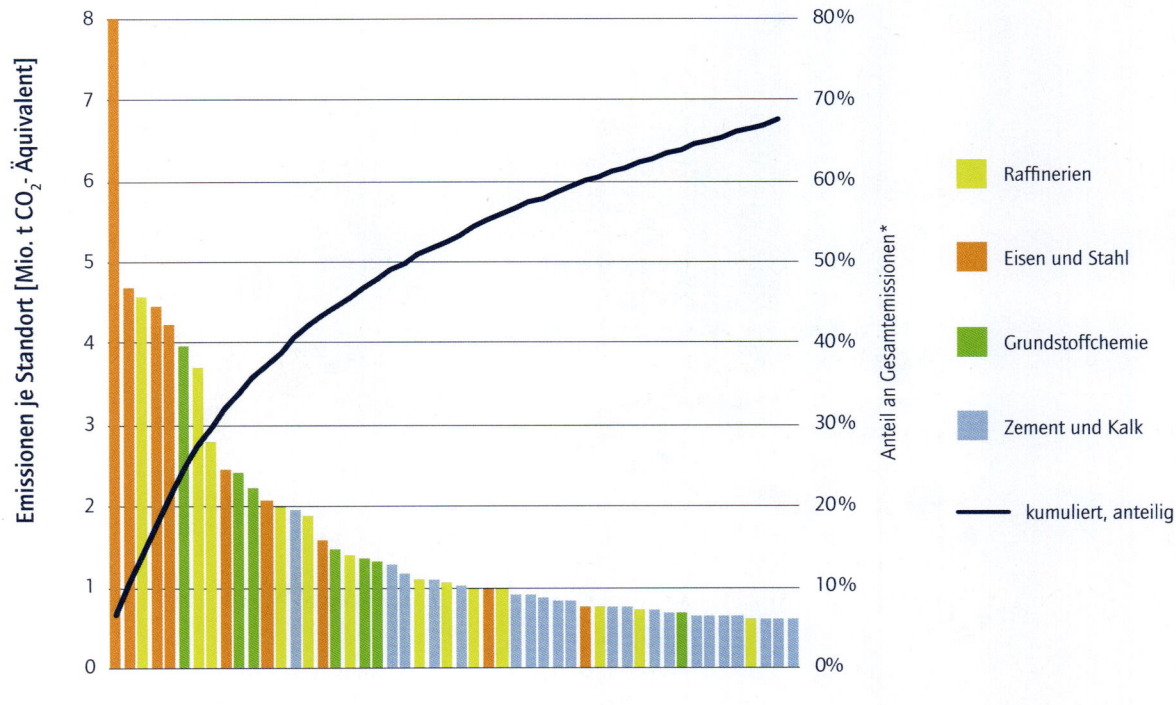

*Anteil an den Gesamtemissionen in 2014 (~122 Mio. t) der Industrie im EU-Emissionshandel für Deutschland

Abbildung 4: Verifizierte THG-Emissionen der fünfzig deutschen Industriestandorte mit dem größten THG-Ausstoß im EU-Emissionshandel 2014 (Reihung nach Emissionsmenge) und kumulierter Anteil an den Gesamtemissionen; erfasst sind nur Standorte mit einem jährlichen THG-Ausstoß von mindestens 0,2 Millionen Tonnen (Quelle: eigene Darstellung in Anlehnung an EUTL 2017).

2.2 Vermeidungsoptionen in aktuellen Minderungsszenarien

Die Aufgabe, eine umfassende THG-Neutralität der industriellen Produktion bis 2050 zu erreichen, verlangt von der Grundstoffindustrie einen grundlegenden Wandel der Produktionsstruktur, der Energieversorgung und der Nutzung von Rohstoffen und Produkten. Wie die industrielle Produktion selbst weisen einschlägige THG-Vermeidungsoptionen eine hohe Heterogenität auf. Möglichkeiten bestehen nicht nur am Produktionsstandort, sondern entlang der gesamten Wertschöpfungskette. Wenngleich eine eindeutige Zuordnung häufig nicht möglich ist, lassen sich als Vermeidungsoptionen in der Industrie grob folgende Prozesspfade anführen:

- **Energieeffizienz**: Verringerung des Energieverbrauchs durch Investitionen in effizientere Anlagen oder Optimierung der Betriebsweise;
- **Kreislaufwirtschaft**: Erhöhung des Recyclinganteils sowie Verlängerung der Stoffströme in den Kreisläufen (Re-Use, Remanufacturing);
- **Material- und Ressourceneffizienz** entlang der Wertschöpfungskette: effizienterer Einsatz von Grundstoffmaterialien in der nachgelagerten Wertschöpfungskette inklusive Verlängerung von Produktlebensdauern;
- **Produkt- und Materialsubstitution** entlang der Wertschöpfungskette: Nutzung weniger energieintensiver Materialien in der nachgelagerten Wertschöpfungskette;
- **Brennstoffwechsel**: Umstellung auf Energieträger mit geringeren CO_2-Emissionen; dies kann auch den Einsatz von regenerativen Energien für die Prozesse Power-to-Heat (PtH) oder Power-to-Gas (PtG) beinhalten;
- **CCU**: Abscheidung und Nutzung von CO_2;
- **CCS**: Abscheidung und dauerhafte Speicherung von CO_2.

Durch die Analyse von Szenarien kann untersucht werden, welche Beiträge die unterschiedlichen Minderungsoptionen beispielsweise bis zur Mitte des Jahrhunderts leisten können und welche Ziele

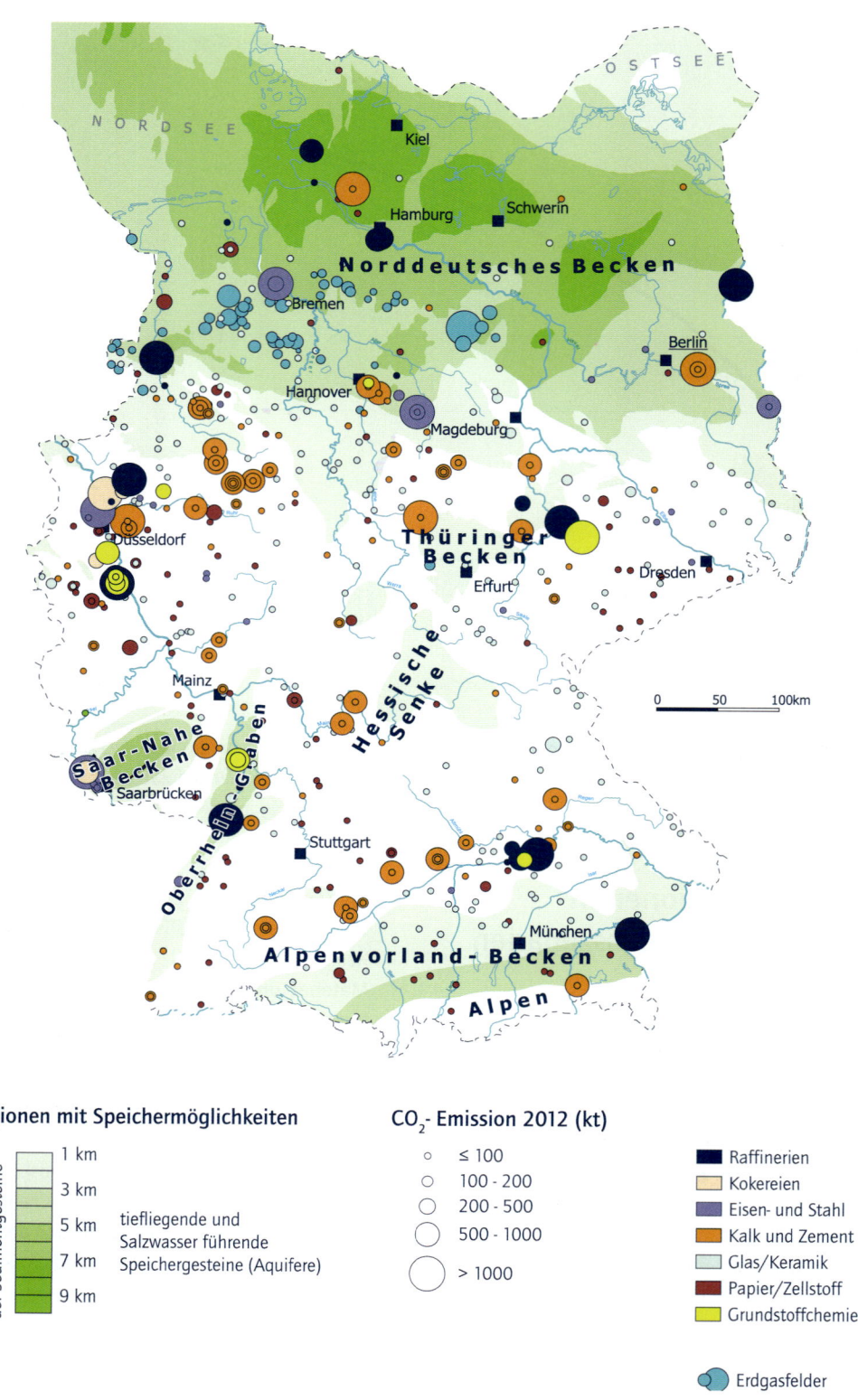

Abbildung 5: Geografische Verteilung der nach EU-Emissionshandel verifizierten THG-Emissionen industrieller Punktquellen Deutschlands und Lage von Sedimentbecken sowie von Erdgasfeldern als geologisch mögliche CO_2-Untergrundspeicher. Eine Speicherung von CO_2 im On-shore-Bereich ist rechtlich derzeit weitgehend ausgeschlossen (Quellen: Gerling et al. 2009, DEHSt 2013).

Szenario	Herausgeber	Jahr	Minderung Industrie 2050 gegenüber 1990
Klimaschutzszenario 2050 Runde2: 95% Szenario (BMUB KS95)	BMUB	2015	99%
THG-neutrales Deutschland (UBA THGND)	UBA	2014	95%
Klimapfade für Deutschland 95% Szenario (BDI 95%-Pfad)	BDI	2018	95%
Langfristszenarien für die Transformation des Energiesystems in Deutschland 80% Szenario (BMWi Langfrist)	BMWi	2017	84%
Klimaschutzszenario 2050 Runde 2: 80% Szenario (BMUB KS80)	BMUB	2015	75%
Klimapfade für Deutschland 80% Szenario (BDI 80%-Pfad)	BDI	2018	65%

Tabelle 2: Übersicht der verglichenen Szenarien zur THG-Minderung für den Industriesektor in Deutschland (sortiert nach Minderungszielniveau; Quelle: eigene Darstellung)

unter den jeweils gegebenen Annahmen erreichbar sind.[25,26,27,28] In Tabelle 2 sind Szenarien aufgeführt, die für den Industriesektor eine hohe technologische Auflösung haben und in den folgenden Vergleich einbezogen werden (sortiert nach der erreichten Minderung der jährlichen Emissionen bis 2050). Während das ambitionierteste Szenario „Klimaschutzszenario 2050 Runde 2: 95-Prozent-Szenario" (BMUB KS95) für den Industriesektor eine Minderung um 99 Prozent gegenüber 1990 vorsieht, liegt die Minderung im Szenario „Klimapfade für Deutschland: 80-Prozent-Szenario" (BDI 80-Prozent-Pfad) lediglich bei etwa 65 Prozent. Entsprechend den Ambitionsniveaus unterscheidet sich auch die Notwendigkeit, von der Minderungsoption CCS Gebrauch zu machen.

Beim Vergleich der Szenarien zeigen sich neben großen Unterschieden auch einige Gemeinsamkeiten. So weisen alle Szenarien einen sehr hohen Effizienzfortschritt auf. Hier bewegen sich vor allem die ambitioniertesten Szenarien an der Grenze des technisch Machbaren. CCU spielt als Vermeidungsoption in den meisten Szenarien keine große Rolle, weil die gegebenenfalls benötigten Mengen regenerativ erzeugter elektrischer Energie als unrealistisch hoch beziehungsweise die Emissionsminderungspotenziale als insgesamt nicht bedeutend genug eingeschätzt werden. Auch Materialeffizienz und Substitution sind nur in zwei Szenarien auf niedrigem Niveau berücksichtigt (siehe Tabelle 3).

In „Klimapfade für Deutschland: 95-Prozent-Szenario" (BDI 95-Prozent-Pfad) wird argumentiert, dass in einem THG-neutralen Energiesystem Deutschlands nur solche CCU-Anwendungen erlaubt sind, die das CO_2 sehr lange in Erzeugnissen binden, oder aber, dass PtG- beziehungsweise PtL-Produkte aus Ländern mit hohen Quoten regenerativer Energien importiert werden. Dies ist beispielsweise bei der Herstellung von Methan in PtG-Anlagen nicht der Fall. In Szenarien mit 95-prozentiger Minderung stehen vereinzelt noch CO_2-Ströme zur Verfügung, die für CCU genutzt werden können (beispielsweise in der Zementherstellung).

Zwei Szenarien bleiben unter einem Minderungsniveau von 80 Prozent. Sie setzen ausschließlich auf schnelleren Energieeffizienzfortschritt, Brennstoffwechsel (Einsatz von Biomasse) und weitere Fortschritte bei der Kreislaufwirtschaft, vor allem auf einen Anstieg des Anteils von Elektrostahl. In Szenarien mit Minderungsniveaus über 80 Prozent werden neben neuen Produktionsprozessen auch die mit regenerativen Energien betriebenen Prozesse PtH (beispielsweise Elektrodampfkessel), PtG (beispielsweise zu Methan oder Wasserstoff) sowie CCS eingesetzt. Den Szenarien liegen unterschiedliche Schwerpunktsetzungen zugrunde. So wird im Szenario „THG-neutrales Deutschland" (UBA THGND) sowohl auf Biomasse als auch auf CCS verzichtet.[29] Dadurch wird sehr viel CCU in Form von PtH und PtG benötigt; außerdem kommt neuen Produktionsprozessen eine

---

25 | Vgl. Fleiter et al. 2013.
26 | Vgl. Arens/Worrell 2014.
27 | Vgl. Brunke/Blesl 2014.
28 | Vgl. Zuberi/Patel 2017.
29 | Es wird lediglich eine kleine Menge Biomasse von weniger als 20 Terawattstunden Energiegehalt eingesetzt, die als Nebenprodukt bei der Papierherstellung anfällt.

Szenario	Minderung	Energie-effizienz	Biomasse	PtH	PtG	CCS	Neue Prozesse	Kreislauf-wirtschaft	MatEff + Substitution
BMUB KS95	99%	+++	++	+	0	++	+	++	+
UBA THGND	95%	+++	0	++	+++	0	++	++	0
BDI 95%-Pfad	95%	++	+++	0	+	+++	0	+	0
BMWi Langfrist	84%	++	++	+	0	++	+	++	+
BMUB KS80	75%	++	++	+	0	0	0	+	0
BDI 80%-Pfad	65%	++	+++	0	0	0	0	+	0

Tabelle 3: Vergleich der genutzten Minderungsoptionen in den Szenarien (+++: sehr stark genutzt; ++: stark genutzt; +: weniger stark genutzt; 0: gar nicht genutzt). Power-to-Heat (PtH) und Power-to-Gas (PtG) sind Formen von CCU (Quelle: eigene Darstellung).

entscheidende Bedeutung zu. Die drei übrigen Szenarien verwenden ein ähnliches Portfolio von Minderungsoptionen, wenn auch mit erheblich größeren Mengen von Biomasse, zudem mit PtH in der Dampferzeugung und dem Einsatz von CCS. Bis auf das Szenario BDI 95-Prozent-Pfad nutzen alle Szenarien oberhalb einer 80-Prozent-Minderung neue Produktionsverfahren. CCS kommt bei den großen Punktquellen mit hochkonzentrierten CO_2-Strömen zum Einsatz; dazu zählen Eisen- und Stahlwerke, Zement- und Kalkwerke sowie die Anlagen zur Herstellung von Produkten der Grundstoffchemie wie Ammoniak, Ethylen oder Methanol. Die Menge des durch CCS jährlich im Untergrund gespeicherten CO_2 steigt in den drei Szenarien auf 35 bis 73 Millionen Tonnen im Jahr 2050 an. Im Szenario BMUB KS95 wird Biomasse-CCS (BECCS) bei Zementwerken eingesetzt, wodurch „negative Emissionen" entstehen und für den gesamten Industriesektor eine Minderung von 99 Prozent erreicht werden kann.

Für Wirtschaftswachstum, Energiepreise und auch Technologieparameter werden in den Szenarien unterschiedliche Annahmen getroffen. Auch werden unterschiedliche methodische Ansätze gewählt. Wenngleich die Anzahl der verglichenen Szenarien zu niedrig ist, um allgemeingültige Aussagen treffen zu können, lassen sich doch einige Rückschlüsse ziehen. Bei einer Annahme von kontinuierlichem Wirtschaftswachstum (0,5 bis 1,5 Prozent pro Jahr) bis 2050 und in etwa gleichbleibender Industriestruktur lässt sich festhalten, dass

- eine Minderung in der Größenordnung von etwa 70 Prozent gegenüber 1990 allein durch ambitionierte Fortschritte bei Energieeffizienz, den gesteigerten Einsatz von Biomasse und eine intensivere Kreislaufwirtschaft möglich erscheint;
- eine Minderung von mehr als 80 Prozent weitere Minderungsoptionen erfordert, die entweder mit höheren Kosten oder Unsicherheiten in der öffentlichen Akzeptanz (CCS) verbunden sind oder neue Technologien benötigen, die sich heute noch im Demo- oder Pilotmaßstab befinden (CCU);
- eine Minderung von mehr als 80 Prozent ohne CCS nur durch den Einsatz von neuen Produktionsverfahren und/oder CCU in Form von PtG erreicht wird.

Die Auswirkungen einer ambitionierten Materialeffizienz- und Kreislaufwirtschaftsstrategie wurden bisher vergleichsweise wenig untersucht. Bezogen auf eine THG-Minderung von 95 Prozent gegenüber 1990 sind die Schlussfolgerungen entsprechend stringenter. CCU spielt in den Szenarien jeweils eine untergeordnete Rolle.[30]

---

[30] | Studien, deren Fokus auf der Analyse eines integrierten Energiesystems (Strom-, Wärme- und Verkehrssektor) liegt, zeigen hingegen teilweise einen beträchtlichen Einsatz von CCU. Die synthetisch erzeugten Brenn- und Kraftstoffe lassen sich beispielsweise für die Energieversorgung in längeren wind- und sonnenarmen Zeiträumen einsetzen, die allein mit Batteriespeichern nicht überbrückt werden können. Für die Herstellung synthetischer Brenn- und Kraftstoffe besonders geeignet erscheint die Verwendung von überschüssiger elektrischer Energie, die von anderen Verbrauchern nicht benötigt wird und bei einer Stromerzeugung anfällt, die durch Wind und Photovoltaik dominiert wird (acatech/Leopoldina/Akademienunion 2017; CCS wird in dieser Studie nicht betrachtet).

3 Abscheidung und Transport von CO_2

3.1 Abscheidetechnologien

Den CCU- und CCS-Technologien gemeinsam sind die ersten beiden Schritte, nämlich CO_2-Abscheidung und -Transport (siehe Abbildung 6). Die Abscheidung des bei den Industrieprozessen entstehenden CO_2 muss hinsichtlich der Kosten, der Reinheit des abgeschiedenen Gases, der Effizienz und des Energiebedarfs des Prozesses sowie des Platzbedarfs der technischen Anlagen in geeigneter Weise geschehen. Der Einsatz von CO_2-Abscheidetechnologien bietet sich aus ökonomischer Sicht vor allem bei großen, stationären CO_2-Quellen an, bei denen die Reinheitsgrade bereits hoch sind. In den vergangenen zwei Jahrzehnten wurde hauptsächlich in der Kraftwerksindustrie zur Entwicklung, Erprobung und Implementierung von Abscheidetechnologien geforscht.

Die bisher bekannten Technologien lassen sich in drei prinzipiell unterschiedliche Prozesswege aufteilen, die auch auf andere Industrieprozesse angewendet werden können,[31] nämlich die Verfahren Post- und Pre-Combustion Capture und das Oxyfuel-Verfahren. Teilweise befinden sich die Forschungsaktivitäten zum spezifischen Einsatz der verschiedenen Abscheidetechnologien für CO_2-intensive Prozesse, beispielsweise bei der Rohölverarbeitung, der Herstellung von Roheisen und Stahl inklusive Kokereien, der Herstellung von Zementklinkern und Kalk sowie von chemischen Produkten in Deutschland, noch im Technikumsmaßstab. Die Verfahren Post- und Pre-Combustion Capture sind marktreif, die großtechnische Produktion von CO_2 für chemische Prozesse oder die Verwendung in der Lebensmittelindustrie ist Stand der Technik.

3.1.1 Post-Combustion Capture

Die CO_2-Abtrennung erfolgt aus dem Rauchgas nach der Verbrennung beziehungsweise nach dem Industrieprozess. Dementsprechend kann die Post-Combustion-Capture-Einheit zur CO_2-Abtrennung in einem bestehenden Industrieprozess nachgerüstet werden. Die Abtrennung des CO_2 aus dem Rauchgas erfolgt entweder mittels chemischer Absorptionsverfahren (Wäsche) mit beispielsweise aminbasierten, ammoniak- oder alkalihaltigen flüssigen Lösungsmitteln, mittels des sogenannten Carbonate Looping (trockener Sorption), bei dem die Karbonisierung von Kalziumoxid (CaO) mit der Kalzinierung des Kalziumkarbonats $CaCO_3$ gekoppelt wird, oder mittels membranbasierter Verfahren.[32] Während sich der Einsatz chemischer Absorptionsverfahren und des Carbonate Looping auch bei niedrigem CO_2-Partialdruck im Abgasstrom eignet, bieten sich membranbasierte Verfahren insbesondere bei hohem CO_2-Partialdruck im Abgasstrom an. Frühere Absichten zum Einsatz des CCS-Verfahrens mündeten in der Errichtung von Post-Combustion-Capture-Versuchsanlagen, die von den Unternehmen EnBW, RWE und

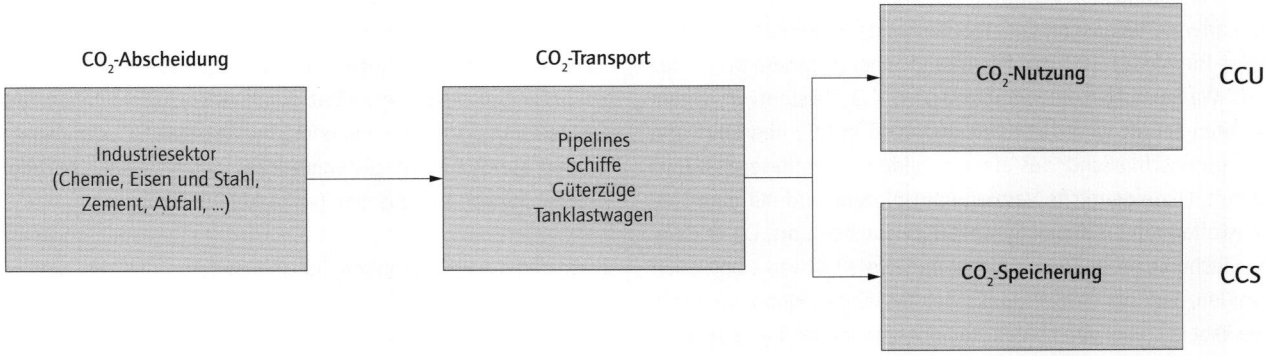

Abbildung 6: Prozessketten der CCU- und CCS-Technologien. Für verschiedene Anwendungen ist CO_2 ein verwertbarer Rohstoff, im Untergrund gespeichertes CO_2 kann bei Bedarf rückgefördert werden (Quelle: eigene Darstellung).

---

31 | Vgl. Kuckshinrichs et al. 2010.
32 | Vgl. Abu-Zahra et al. 2013.

Uniper an den Standorten Heilbronn, Niederaußem und Wilhelmshaven betrieben werden. Die Zementindustrie forscht in dem Projekt CEMCAP an der Post-Combustion-Technologie.[33,34] Vom Bundesministerium für Wirtschaft und Energie wurden weitere Forschungsvorhaben gefördert.[35]

3.1.2 Oxyfuel-Verfahren

Beim Oxyfuel-Verfahren erfolgt der Verbrennungsprozess mit reinem Sauerstoff. Der Sauerstoff wird derzeit großtechnisch mit kryogenen Luftzerlegungsanlagen erzeugt. Alternative Verfahren zur Sauerstoffproduktion sind Membranen, das Chemical Looping und die Elektrolyse von Wasser bei der Wasserstoffgewinnung. Die Verbrennung mit reinem Sauerstoff führt zu deutlich höheren CO_2-Gehalten im Rauchgas; diese liegen bei etwa 89 Volumenprozent gegenüber 12 bis 15 Volumenprozent bei herkömmlichen Kraftwerken. Um die deutlich höheren Temperaturen bei der Verbrennung mit reinem Sauerstoff zu senken, wird ein großer Teil des CO_2-reichen Rauchgases in den Feuerungsraum zurückgeführt. Damit wird nicht umgesetzter Sauerstoff erneut dem Oxidationsprozess zugeführt und der Restsauerstoffgehalt im Rauchgas gesenkt. Das Oxyfuel-Verfahren wurde von einem Energieunternehmen in einer 30-Megawatt-thermal-Oxyfuel-Pilotanlage am Standort Schwarze Pumpe erforscht. Neben dem Post-Combustion-Verfahren untersucht die Zementindustrie in dem CEMCAP-Projekt auch den möglichen Einsatz des Oxyfuel-Verfahrens.[36,37]

3.1.3 Pre-Combustion Capture

Das Pre-Combustion-Verfahren basiert auf der Technologie der integrierten Vergasung des eigentlichen Energierohstoffs (Kohle oder Biomasse) und der Erzeugung eines Synthesegases, das aus Wasserstoff, Kohlenmonoxid und CO_2 besteht. In einem zweiten Schritt wird das Kohlenmonoxid in CO_2 überführt und dieses anschließend aus dem gebildeten Synthesegas abgetrennt. Der eigentliche Verbrennungsprozess wird mit dem kohlenstoffarmen bis -freien Synthesegas durchgeführt. Da mit dieser Technologie in Europa bisher nur zwei Kraftwerke betrieben werden, lag der Schwerpunkt der CCS-Entwicklung im Kraftwerksbereich bei den beiden zuvor beschriebenen Prozesswegen (Post-Combustion- und Oxyfuel-Verfahren). Für die Abtrennung von CO_2 aus Industrieprozessen ist das Pre-Combustion-Verfahren nicht optimal geeignet, da mit diesem keine prozessbedingten Emissionen abgetrennt werden können, wie sie beispielsweise bei der Entsäuerung von Kalkstein auftreten. Des Weiteren müsste für die Implementierung dieser Technologieroute der klassische Herstellungsprozess verändert werden.[38]

3.2 Transport

Nach der Abtrennung kann das CO_2 einer chemischen Weiterverwendung zugeführt oder für ein dauerhaftes Fernhalten aus der Atmosphäre in einen tiefliegenden geologischen Speicher eingelagert werden. Für große Mengen CO_2 sollte der Transport dorthin aus Sicherheits- und Wirtschaftlichkeitsgründen über Pipelines erfolgen. Hierfür muss zunächst das abgetrennte CO_2-reiche Gasgemisch hinreichend von Teilen seiner Begleitstoffe gereinigt werden. In dem Forschungsvorhaben COORAL[39] wurden die sich aus der CO_2-Abtrennung aus Kohlekraftwerken ergebenden Zusammensetzungen des CO_2-reichen Gasgemischs bestimmt und die korrosiven Auswirkungen auf den Pipelinetransport untersucht. In dem darauf aufbauenden Projekt CLUSTER[40] werden neben Kraftwerksprozessen auch die industriellen Prozesse der Stahl- und Zementherstellung sowie der Rohölverarbeitung mit CO_2-Abtrennungstechnologien kombiniert und Mindestanforderungen an die Zusammensetzung für das CO_2-reiche Gasgemisch definiert. Um einen korrosionsarmen und sicheren Pipelinebetrieb ökonomisch gewährleisten zu können, muss beispielsweise der Wassergehalt im CO_2-reichen Gasgemisch auf weniger als 0,005 Volumenprozent (50 ppmv) gesenkt werden. Im marinen Umfeld ist neben dem CO_2-Transport per Pipeline[41] auch ein möglicher CO_2-Schifftransport zu einem off-shore liegenden Speicher denkbar, unter Umständen erweitert durch einen Abschnitt mit Binnenschifftransport. Bei mengenmäßig kleineren CO_2-Quellen ist für den Landtransport gegebenenfalls ein Straßen- und/oder Schienentransport vorzusehen (siehe Abbildung 7).

Unabhängig vom gewählten Transportsystem muss das CO_2-reiche Gasgemisch durch Verdichtung und/oder Kühlung zunächst stark komprimiert werden. Beim Pipelinetransport wird das CO_2

---

33 | Vgl. Hornberger et al. 2017.
34 | Vgl. Perez-Calco et al. 2017.
35 | Vgl. FIZ 2018.
36 | Vgl. Lemke 2017.
37 | Vgl. Mathai 2017.
38 | Vgl. Fischedick et al. 2015.
39 | Vgl. Rütters et al. 2015.
40 | Vgl. BGR 2018.
41 | Vgl. ISO 2016.

auf Werte oberhalb des kritischen Drucks von 73,77 bar (bei reinem CO_2) komprimiert, damit es in der überkritischen oder flüssigen Phase transportiert werden kann und unerwünschte Phasenübergänge während des Transports ausgeschlossen werden. Für den Schifftransport wird das CO_2 auf eine Temperatur von circa –52 Grad Celsius gekühlt. Der Mindestdruck für den Tank entspricht dabei dem jeweiligen Siededruck des CO_2-reichen Gemischs bei –52 Grad Celsius (6,5 bar bei reinem CO_2). Je nach Art und Menge der restlichen Begleitstoffkomponenten müssen die oben genannten Druck- und Temperaturwerte angepasst werden.

In den USA hat man mit dem Transport von CO_2 per Pipeline bereits umfangreiche Erfahrungen gemacht; diese waren auch eine wichtige Basis für die inzwischen erfolgte Normung des CO_2-Transports per Pipeline (siehe Kapitel 6.3). Straßen- und Schienentransport von CO_2 sind Stand der Technik.

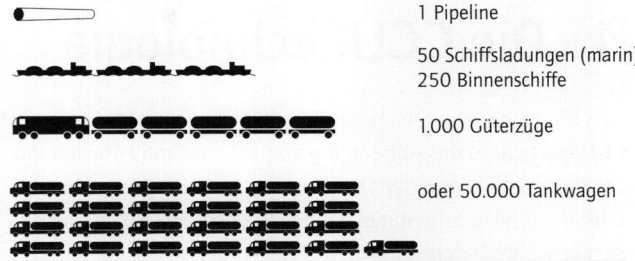

Abbildung 7: Vergleich des Transportaufwands für 1 Million Tonnen CO_2 per Pipeline, Schiff, Bahn oder Tankwagen (Quelle: eigene Darstellung)

4 Die CCU-Technologie

CCU bezeichnet die Abtrennung von CO_2 aus industriellen Prozessen, fossil befeuerten Kraftwerken und biogenen Quellen oder die direkte Entnahme aus der Atmosphäre mit der jeweils sich anschließenden stofflichen Nutzung des so erhaltenen CO_2, beispielsweise als Synthesebaustein beziehungsweise Kohlenstoffquelle in (petro-)chemischen und biotechnologischen Prozessen. Beispiele sind die Verwertung von CO_2 in Kunststoffen und Baumaterialien sowie die Verwendung von CO_2 bei der Herstellung synthetischer Kraftstoffe. CCU erweitert die Rohstoffbasis chemischer Prozesse und kann durch zwei Effekte zur Minderung der THG-Emissionen beitragen:

1. Durch die Wiederverwendung des CO_2 wird der Zeitpunkt hinausgeschoben, an dem das CO_2 in die Atmosphäre gelangt. Im Sinne des Klimaschutzes relevant ist dies bei sehr langlebigen Produkten wie Baumaterialien mit einer Produktlebensdauer von hundert Jahren und mehr.

2. Wird CO_2 mit erneuerbarer elektrischer Energie in kohlenstoffhaltige Energieträger umgewandelt, entstehen kurzlebige synthetische Produkte, die wie Energieträger aus fossilen Rohstoffen eingesetzt werden können. Entweder der Industrieprozess, aus dem das wiederverwertete CO_2 abgeschieden wird, oder der Verbrennungsprozess, der mit synthetischem Kraftstoff betrieben wird, wird dadurch quasi emissionsfrei.[42]

CO_2 ist ein thermodynamisch stabiles Molekül. Reaktionen mit CO_2 benötigen daher in den meisten Fällen die Zufuhr von erheblichen Mengen an Energie, entweder direkt oder in Form von energiereichen Reaktionspartnern wie Wasserstoff.

4.1 CO_2 als Rohstoff

Die chemische Industrie ist bei der Produktion organischer Produkte auf Kohlenstoff angewiesen. Dieser Bedarf an Kohlenstoff wird zurzeit überwiegend aus den fossilen Rohstoffen Erdöl, Erdgas und Kohle gedeckt. Abgeschiedenes CO_2 ist neben Biomasse eine alternative Kohlenstoffquelle und eröffnet wie diese die Möglichkeit, den Kohlenstoffkreislauf in der industriellen Nutzung anteilig zu schließen. Global werden bereits heute jährlich circa 120 Millionen Tonnen CO_2 in Synthesen umgesetzt, davon 115 Millionen Tonnen in der Harnstoffsynthese, bei der das in der Ammoniaksynthese aus Gas oder Kohle entstehende CO_2 direkt weiterverwendet wird. Bei der Methanolsynthese werden zur Einstellung des Verhältnisses von Wasserstoff- zu Kohlenmonoxid 2 bis 3 Millionen Tonnen CO_2 verwertet. In geringerem Umfang wird CO_2 unter anderem zur Herstellung zyklischer Karbonate als Lösungsmittel und zur Herstellung von Salizylsäure eingesetzt.

Grundsätzlich geht das Mengenpotenzial der CO_2-Nutzung noch weit darüber hinaus. Neue Syntheserouten sind Gegenstand intensiver Forschungs- und Entwicklungsprojekte. Die Verfügbarkeit von Wasserstoff, hergestellt aus Verfahren mit geringem CO_2-Fußabdruck, beispielsweise durch regenerative Energien, ist die Grundvoraussetzung für die Erschließung der größten Potenziale. Ausgehend von CO_2 und Wasserstoff lassen sich unter anderem anführen:

- die Umsetzung zu Methan (Methanisierung, Sabatierprozess);
- die Umsetzung zu Ameisensäure;
- die Erzeugung von Synthesegas mit nachfolgender Methanolsynthese oder Herstellung von Kohlenwasserstoffen über das Fischer-Tropsch-Verfahren.

Alle Pfade eröffnen die Möglichkeit einer nachfolgenden Synthese der wichtigsten petrochemischen Produkte auf Basis dieser Primärprodukte.

In Deutschland setzte die chemische Industrie 2016 rund 17,9 Millionen Tonnen fossile Rohstoffe (Erdölprodukte, Erdgas und Kohle) ein,[43] von denen der überwiegende Teil grundsätzlich über die beschriebenen Routen durch CO_2 ersetzt werden kann. Wesentliche Voraussetzung ist dabei der Einsatz sehr großer Mengen regenerativer Energien zur Wasserstofferzeugung (siehe Abbildung 8). Mit Energie aus dem heutigen Strom-Mix wäre die CO_2-Bilanz der Erzeugung von Methan und Methanol aus CO_2 klimaschädlich, das heißt, es würde prozessseitig und durch die Energiezufuhr mehr CO_2 emittiert, als stofflich in synthetisch erzeugtem Methan beziehungsweise Methanol gebunden wird. Mit elektrischer Energie, die vollständig aus erneuerbaren Quellen stammt, könnte die CO_2-Bilanz in Zukunft hingegen ausgeglichen werden.

---

42 | Hierbei muss für das Gesamtsystem sichergestellt sein, dass ausreichend erneuerbare Energien vorhanden sind, um den Strombedarf von CCU zusätzlich zum sonstigen Strombedarf zu decken.
43 | Vgl. VCI 2018.

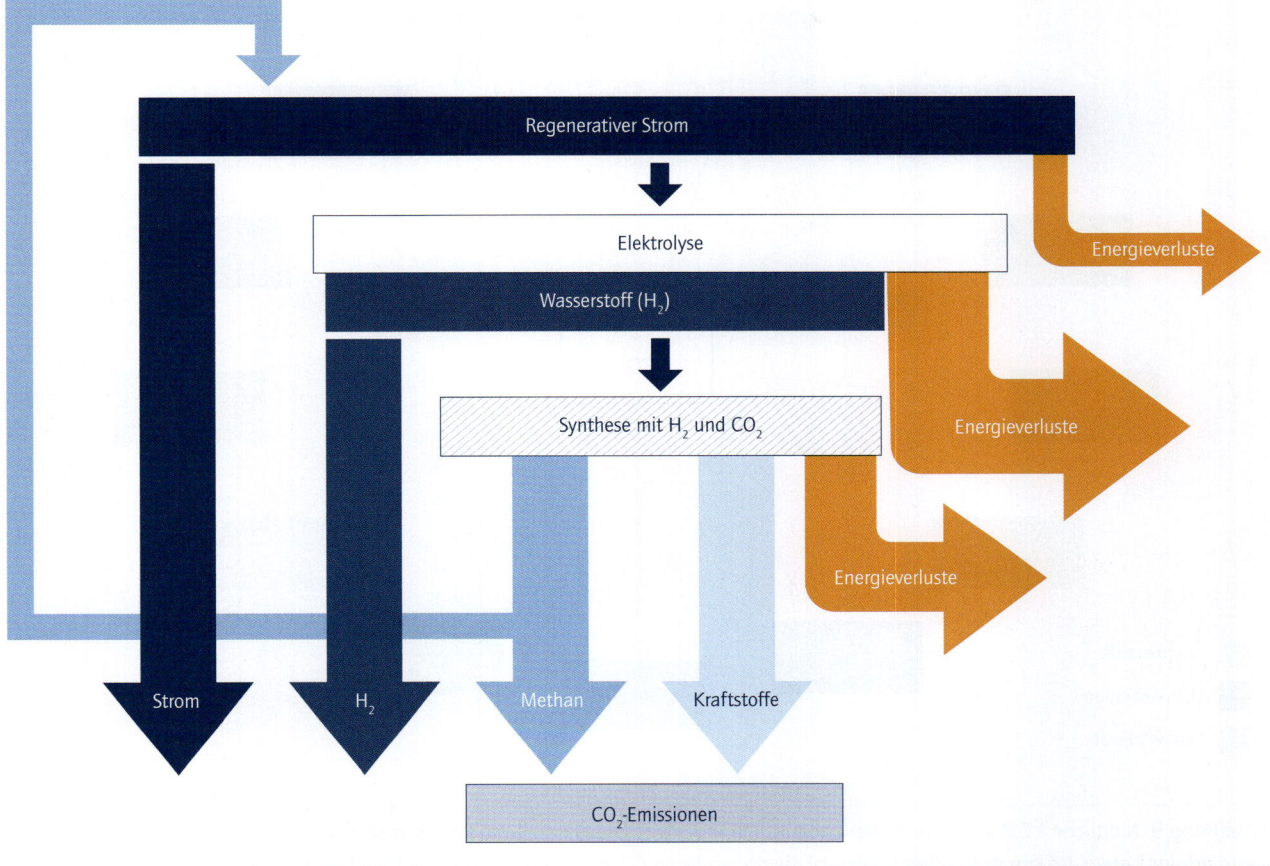

Abbildung 8: Qualitative Darstellung des Energieflusses und der Rolle von CO_2. Der von Methan rückführende Pfad zu regenerativ erzeugter elektrischer Energie deutet eine mögliche Kreislaufführung von Energie unter Nutzung von CO_2 an, bei Inkaufnahme von erheblichen Energieverlusten (Quelle: eigene Darstellung in Anlehnung an Piria et al. 2016).

Neben Wasserstoff sind grundsätzlich auch andere energiereiche Reaktionspartner für eine Umsetzung mit CO_2 geeignet. So kann CO_2 als Ko-Monomer in Polymerisierungsreaktionen mit Epoxiden eingesetzt werden. Je nach Katalysatorsystem entstehen dabei Polykarbonate oder Polyether-Polykarbonat-Polyole, eine Vorstufe der Polyurethane. Beide Produktklassen haben ein jährliches Produktionsvolumen von einigen Millionen Tonnen.

Umfangreiche Forschungsarbeiten beschäftigen sich mit weiteren direkten Syntheserouten aus CO_2 (siehe Abbildung 9). Exemplarisch seien folgende in Deutschland verfolgte Ansätze genannt:

- die Herstellung von Acrylsäure aus CO_2 und Ethylen;[44]
- die elektrokatalytische Reduktion von CO_2 direkt zu Ethylen;[45]
- die Gewinnung von Formaldehyd aus CO_2;[46]
- die Synthese von Valeraldehyd, einem großvolumigen Zwischenprodukt zur Herstellung einer neueren Generation von Weichmachern, aus n-Butan und CO_2.[47]

Eine weitere, durch das BMBF geförderte Initiative zur stofflichen Nutzung von CO_2 ist Carbon2Chem. In diesem Projekt arbeiten 17 Partner aus Industrie und Wissenschaft daran, aus Hüttengasen Rohstoffe zu erzeugen.[48] In Nordamerika werden auch Wege zur CO_2-Mineralisierung in der Zement- und Betonherstellung beschritten.[49,50]

44 | Vgl. Projekt ACER: Bazzanella/Krämer 2017.
45 | Vgl. Projekt CO_2 to Value: Siemens AG 2018.
46 | Vgl. BMBF 2016.
47 | Vgl. Projekt Valery: Bazzanella/Krämer 2017.
48 | Vgl. BMBF 2018.
49 | Vgl. Solidia Technologies 2017.
50 | Vgl. CarbonCure Technologies 2018.

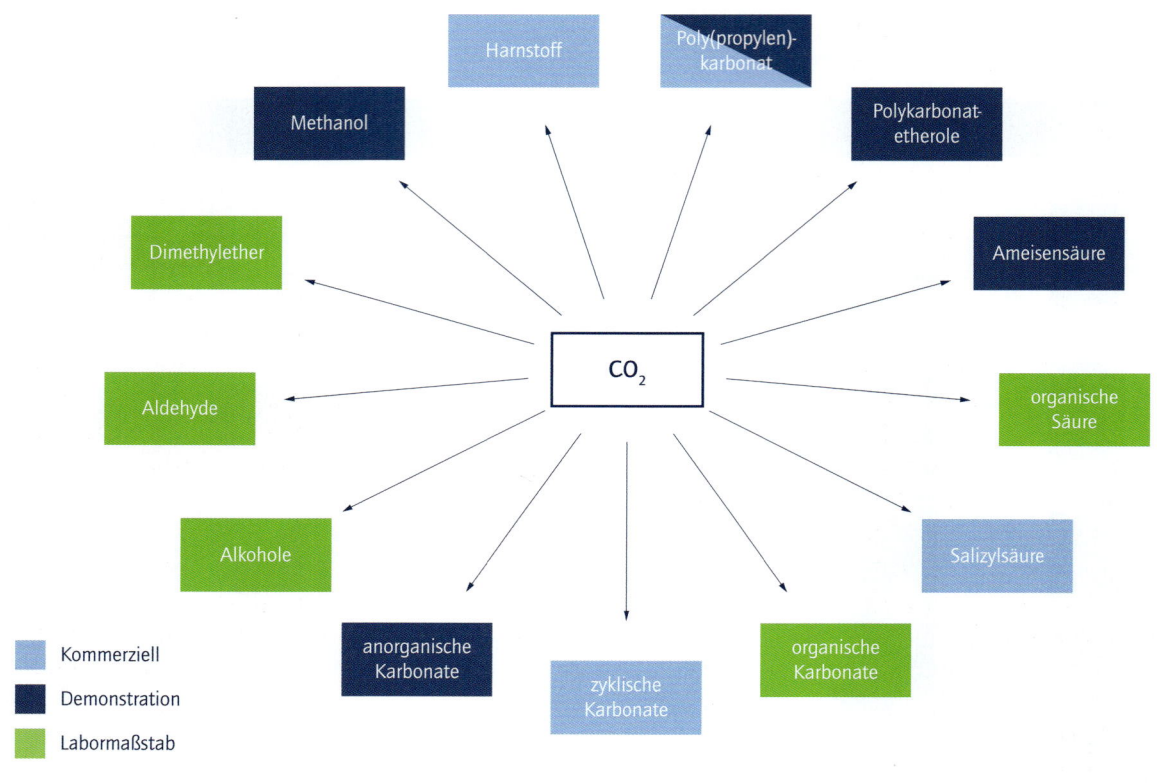

Abbildung 9: Mögliche CCU-Erzeugnisse der chemischen Industrie. Die Herstellung von Harnstoff, zyklischen Karbonaten und Salizylsäure erfolgt bereits im kommerziellen Maßstab, die der anderen CO$_2$-Produkte befindet sich im Demonstrations- oder Labormaßstab (Quelle: eigene Darstellung in Anlehnung an Bazzanella/Ausfelder 2017).

4.2 Wirtschaftlichkeit

Die Wirtschaftlichkeit der Herstellung von Produkten auf Basis von CO$_2$ hängt wesentlich von der Wertschöpfung der generierten Produkte sowie von regulatorischen Rahmenbedingungen ab. So wird die von einem Unternehmen der chemischen Industrie verfolgte Polyolproduktion bereits als wettbewerbsfähig eingeschätzt; eine 2016 eingeweihte Demonstrationsanlage soll diese Annahme validieren. Derzeit nicht wirtschaftlich sind die Anlagen zur Methanisierung und Methanolherstellung oder zur Herstellung von Kraftstoffen über die Fischer-Tropsch-Synthese. Grundproblem hierbei sind die hohen Gestehungskosten für Wasserstoff durch die strombasierte Elektrolyse im Vergleich zu den niedrigen Preisen für fossile Kohlenstoffquellen. Die Prozesskosten hängen wesentlich von den Strombezugskosten und den jährlichen Volllaststunden der Elektrolyse ab. Der dena-Potenzialatlas Power-to-Gas[51] beziffert die heutigen Gestehungskosten für elektrolysebasierten Wasserstoff auf zwischen 0,23 und 0,35 Euro pro Kilowattstunde, entsprechend 7,7 und 11,7 Euro pro Kilogramm. Die Gestehungskosten des synthetischen Methans liegen um 50 Prozent höher. Der industrielle Gaspreis liegt mit 0,03 bis 0,04 Euro pro Kilowattstunde um ein Vielfaches darunter. Gleiches gilt für die Produktion von Methanol oder synthetischen Kraftstoffen, auch wenn die Kostendifferenz aufgrund der höheren Wertschöpfung dieser Produkte geringer ist (beispielsweise circa 11,5 Megawattstunden pro Tonne Methanol[52]). Für Methanol liegen die Gestehungskosten selbst unter günstigen Bedingungen, das heißt bei 8.000 Volllaststunden im Jahr und 30 Euro pro Megawattstunde Strombezugskosten, um mindestens das Doppelte über dem Marktpreis von Methanol auf fossiler Rohstoffbasis. Für synthetisch hergestellte Kraftstoffe wäre somit ein Kostenaufschlag von mindestens 100 Prozent die Folge.

51 | Vgl. Schenuit et al. 2016.
52 | DECHEMA-Berechnungen.

Kostenreduktionen sind nur bei deutlich niedrigeren Stromkosten oder verringerten Investitionskosten der Elektrolyse sowie durch die Realisierung eines kontinuierlichen Betriebs, beispielsweise durch Zwischenspeicherung von Wasserstoff oder erneuerbar erzeugter elektrischer Energie, möglich.[53] Dies sind prioritäre Entwicklungsziele zur Implementierung großskaliger CCU-Anwendungen. Von erneuerbaren Routen sind indes Kosten, die mit den fossilen Routen vergleichbar wären, in absehbarer Zeit nicht zu erwarten, weil die Förderkosten für fossile Rohstoffe auf lange Sicht günstiger sein werden als die Herstellung von Methanol und anderen Rohstoffen aus elektrischer Energie, Wasser und CO_2. Auch erscheint ein flächendeckender Einsatz synthetischer Kraftstoffe nur theoretisch und lediglich durch einen massiven, beispiellosen Ausbau der Stromgewinnung aus erneuerbaren Quellen möglich.[54] Eine Studie der Deutschen Energie-Agentur (dena) und der Ludwig-Bölkow-Systemtechnik (LBST) hat 2017 im Auftrag des Verbands der Automobilindustrie (VDA) berechnet, dass die derzeit in der EU existierende Stromgewinnung aus erneuerbaren Quellen bis 2050 versieben- bis verzehnfacht werden müsste, um allein die Herstellung synthetischer Kraftstoffe gemäß den entsprechenden Szenarien zu ermöglichen.[55] Eine Studie aus dem Akademienprojekt „Energiesysteme der Zukunft" (ESYS) kommt zu dem Schluss, dass die Stromerzeugung aus Wind und Photovoltaik in Deutschland bis 2050 etwa versechsfacht werden müsste, um den durch Elektromobilität, Power-to-Heat sowie die Herstellung von Wasserstoff und synthetischen Kraftstoffen steigenden Strombedarf zu decken.[56] Basierend auf den Erfahrungen im Rahmen der Energiewende und auf verschiedenen wissenschaftlichen Analysen würde ein solcher Ausbau erneuerbarer Energien zudem nicht zu deutlich niedrigeren Stromkosten und damit einer Wirtschaftlichkeit synthetischer Kraftstoffe führen.[57] Nicht berücksichtigt sind bei diesen Überlegungen allerdings die Auswirkungen eines höheren CO_2-Preises. Ob beim Einsatz synthetischer Kraftstoffe die Emissionsminderung dem Industrieprozess oder dem Endnutzer der Kraftstoffe, also etwa dem Verkehrssektor, oder anteilig beiden zuerkannt wird, ist derzeit nicht geregelt.

4.3 Auswirkungen auf die Infrastruktur

Die Methanisierungsroute hat den Vorteil, dass das bestehende Erdgasnetz für die Speicherung und den Transport des Synthesegases verwendet werden kann. Zusätzliche Infrastruktur wäre nicht erforderlich, auch für Methanol und flüssige Kraftstoffe wäre der Transport unproblematisch. Für die Bereitstellung von Kraftstoffen ist Methanol als Kraftstoffzusatz derzeit limitiert, in Europa sind bis zu drei Volumenprozent Methanol im Benzin zulässig. Die mit hohem Energieaufwand hergestellten synthetischen Kraftstoffe sind in ihren physikalisch-chemischen Eigenschaften mit den fossilen Kraftstoffen weitgehend vergleichbar.[58] Großindustrielle CCU-Anlagen sollten aus Gründen der Transportökonomie bevorzugt an Standorten entstehen, die über eine Quelle großer CO_2-Mengen verfügen (Eisen-und Stahlwerke, Raffinerien oder Zementwerke; siehe Kapitel 2). Sofern an diesen Orten keine Anbindung an regenerative Energiequellen besteht, ist auch ein Ausbau der Stromübertragungssysteme notwendig.

4.4 CO_2-Fußabdruck

Die Evaluierung des CO_2-Minderungspotenzials von CCU-Maßnahmen ist keine leichte Aufgabe. Hierzu sind insbesondere Analysen über die Lebensdauer der Produkte durchzuführen (Life Cycle Assessments), da die zeitliche Bindung des CO_2 durch CCU von wenigen Tagen (beispielsweise bei Heiz-, Brenn- und Kraftstoffen) bis zu vielen Jahrzehnten (etwa bei Baustoffen) reichen kann. Forschungsarbeiten zur stofflichen Nutzung von CO_2 wurden in der Vergangenheit vielfach von der Motivation getrieben, durch die Verwertung fossilbasierter Emissionen den THG-Ausstoß zu senken. Hierbei nimmt die Bewertung des CO_2-Fußabdrucks die höchste Priorität ein. Zu beachten ist, dass in der Regel zunächst viel Energie benötigt wird, um CO_2 stofflich nutzen zu können. Damit im Gesamtprozess nicht mehr CO_2 emittiert als stofflich verwertet wird, müssen daher THG-neutral bewertete Energiequellen genutzt werden. Letztlich muss eine Ökobilanzierung Aufschluss darüber geben, wie hoch der CO_2-Fußabdruck einer Technologie oder eines Produkts ist. Der ISO-Standard 14040/44 enthält Vorgaben zum

---

53 | Mit mehrfach geringerem Energieaufwand kann H_2 auch durch Methan- (beziehungsweise Erdgas-)Pyrolyse hergestellt werden, wobei dann Kohlenstoff anfällt (DECHEMA 2013).
54 | Vgl. Bewertung der Szenarien zur THG-Minderung, Kapitel 2.2.
55 | Vgl. Siegemund et al. 2017.
56 | Vgl. acatech/Leopoldina/Akademienunion 2017.
57 | Vgl. Abanades et al. 2017.
58 | Leichte Unterschiede kann es in der Dichte und bei den für die motorische Verbrennung relevanten Kennzahlen geben.

Ziehen einer Ökobilanz, doch für die Bewertung von CCU-Prozessen gibt es noch keine standardisierte Herangehensweise. Viele Fragestellungen sind hierzu noch unbeantwortet, insbesondere diejenige, wie die THG-Wirkung bei mehreren Gütern (sogenannten Kuppelprodukten) zu verteilen ist. Fachleute arbeiten momentan daran, einen gemeinsamen Standard für die Bewertung des CO_2-Fußabdrucks bei der stofflichen Nutzung von CO_2 zu finden.[59]

Dennoch gibt es bereits erste Analysen zu konkreten Fallbeispielen. Im Rahmen der Aktivitäten des oben erwähnten Unternehmens der chemischen Industrie zur CO_2-Nutzung für die Herstellung von Polyolen (siehe Kapitel 4.2) hat die RWTH Aachen das CO_2-Einsparungspotenzial in einer Ökobilanz berechnet: Der CO_2-Fußabdruck des Gesamtprozesses wird im Vergleich zum Referenzprozess deutlich reduziert. Dies ist maßgeblich auf den teilweisen Ersatz des fossilbasierten Epoxids durch CO_2 in der Synthese zurückzuführen.[60]

Die Ökobilanz einer Power-to-Liquid-Pilotanlage „Fuel 1" am Standort Dresden, bei der Wasserstoff aus der Elektrolyse von Wasser mit CO_2 in Kraftstoffe (Benzin, Diesel, Kerosin) umgewandelt wird, zeigt, dass die synthetische Dieselproduktion mittels Power-to-Liquid (PtL) das Potenzial hat, im Vergleich zu fossilem Diesel Emissionen einzusparen, sofern die elektrische Energie aus erneuerbaren Quellen stammt.[61] Die Hauptwirkung wird erzielt durch den im Vergleich zu fossilbasierten Kraftstoffen geringen Well-to-Wheel-Footprint der synthetischen Kraftstoffe.

Wird CO_2 mittels regenerativer Energien der Atmosphäre entzogen und in synthetische Brenn- beziehungsweise Kraftstoffe gewandelt, ist deren Nutzung klimaneutral. Stammt das CO_2 hingegen aus einem Industrieprozess, bei dem Kohlenstoff aus einer fest gebundenen Form (etwa aus fossilen Rohstoffen oder Kalkstein bei der Zementherstellung) eingesetzt wurde, ist in der Gesamtbilanz die Freisetzung dieses CO_2 zu berücksichtigen. Entweder dem Industrieprozess oder der Verbrennung der synthetischen Kraftstoffe muss daher die erzeugte CO_2-Menge angelastet werden. Wird CCU als Klimaschutzmaßnahme für die Industrie angerechnet (der Industrieprozess also als klimaneutral bilanziert), so ist die Verbrennung des synthetischen Kraftstoffs ebenso CO_2-intensiv wie die Verbrennung eines fossilen Kraftstoffs.[62] Neben der CO_2-Neutralisierung des Industrieprozesses und der vermiedenen Nutzung fossiler Energieträger für den synthetischen Kraftstoff wird die Freisetzung des CO_2 um eine geringe Zeitspanne verzögert.[63]

In einer Potenzialanalyse der DECHEMA[64] wurde in verschiedenen Szenarien das CO_2-Reduktionspotenzial von CCU für die fünf mengengrößten Petrochemikalien (Methanol, Ethylen, Propylen, Harnstoff, BTX) bis zur Jahrhundertmitte untersucht. Für ihre konventionelle Herstellung werden aktuell erhebliche Mengen an fossilen Rohstoffen benötigt. Auch aus diesen Szenarien wird ersichtlich, wie enorm die Herausforderung ist, die heute fossil generierten Energien durch große Mengen regenerativer Energie zu erzeugen.[65] Bei einem jährlichen Investitionsvolumen von 27 Milliarden Euro könnte die Chemieindustrie in Europa theoretisch ab 2050 durch Nutzung von CO_2 als Ersatz für fossilbasierte Kohlenstoffquellen maximal 210 Millionen Tonnen CO_2 pro Jahr verwerten.[66] Hierfür bestünde ein Strombedarf aus erneuerbaren Energiequellen von 4.900 Terawattstunden, das ist das 1,6-Fache der gesamten Stromerzeugung der EU-28-Staaten im Jahre 2015[67] oder das 6-Fache der 2015 in der EU regenerativ erzeugten Strommengen.[68,69,70]

---

59 | Vgl. von der Assen/Bardow 2014.
60 | Vgl. von der Assen/Bardow 2014.
61 | Vgl. Universität Stuttgart 2015.
62 | Unter der Voraussetzung, dass die zur Herstellung des synthetischen Kraftstoffs verwendete elektrische Energie aus erneuerbaren Quellen stammt.
63 | Nämlich von der CO_2-Abscheidung aus dem Industrieprozess bis zur Verbrennung als Kraftstoff. Diese Entwicklung stellt immerhin einen Weg dar, erneuerbare Energien auch in Verkehrssegmenten (Lkw, Flugzeuge, Schiffe und andere) zu integrieren. Schätzungen der IEA prognostizieren für 2050 europaweit einen Bedarf an flüssigen Kraftstoffen im Transportsektor von jährlich rund 10.200 Petajoule. Durch den vollständigen Ersatz dieser Kraftstoffe durch synthetische Kraftstoffe ließen sich in Europa CO_2-Emissionen um bis zu 750 Millionen Tonnen pro Jahr einsparen. Um dieses Ziel zu erreichen, ist allerdings ein massiver Ausbau der Stromgewinnung aus erneuerbaren Quellen auf jährlich 11.700 Terawattstunden notwendig – das ist bezogen auf das Jahr 2015 das 3,8-Fache der gesamten Stromerzeugung der EU-28 oder das 15-Fache der regenerativ erzeugten elektrischen Energie (was allein für die Kraftstoffproduktion genutzt werden müsste). Eine klimaschutzwirksame Alternative wäre die umfassende Elektrifizierung des Transportsektors, gegebenenfalls unter Nutzung der Brennstoffzellentechnologie.
64 | Vgl. Bazzanella/Ausfelder 2017.
65 | Aus ökonomischen Gründen kann es empfehlenswert sein, synthetische Kraftstoffe an international günstigeren Standorten herzustellen als in Deutschland und diese zu importieren (vgl. Ausfelder et al. 2017).
66 | Zum Vergleich: Der Gesamtausstoß der THG-Emissionen in den EU-28 betrug 2015 etwa 4.450 Millionen Tonnen CO_2-Äquivalente, entsprechend etwa 3.830 Millionen Tonnen CO_2 (EEA 2018).
67 | Vgl. Statistics Explained 2017a.
68 | Vgl. Statistics Explained 2017b.
69 | Den größten Anteil stellen Wasserkraftwerke.
70 | Zu berücksichtigen wären auch eine damit verbundene Mehrbelastung des Stromnetzes und eine Anpassung der aktuellen Netzausbauvorhaben.

5 CCS – Technische und geologische Voraussetzungen

Eine Option, CO_2-Emissionen aus verschiedenen Bereichen der Grundstoffindustrie dauerhaft von der Atmosphäre fernzuhalten, ist die Abscheidung von CO_2 und seine Verbringung in den tiefen geologischen Untergrund (CCS). Nach derzeitigem Wissensstand können auch die in der zweiten Hälfte dieses Jahrhunderts für erforderlich gehaltenen negativen Emissionen[71] nachhaltig am ehesten mithilfe einer dauerhaften geologischen Speicherung des von der Atmosphäre entzogenen CO_2 erreicht werden.[72] CCS schließt nicht aus, dass das im Untergrund gespeicherte CO_2 zu einem späteren Zeitpunkt gegebenenfalls zurückgefördert und als Rohstoff genutzt werden kann.[73]

5.1 Die Technologie der CO_2-Speicherung

Für die geologische Speicherung von CO_2 kommen prinzipiell vier Optionen in Betracht: tiefe, salzwasserführende Grundwasserleiter (sogenannte saline Aquifere), erschöpfte Erdöl- und Erdgaslagerstätten, tiefe, nicht abbaubare Kohleflöze sowie Basalte. Die beiden erstgenannten Optionen ermöglichen die Speicherung von CO_2 im Porenraum eines Speichergesteins, die Speicherung in Kohleflözen beruht hingegen auf der Sorption von CO_2 an Kohlen. Die Speicherung in Basalten nutzt ebenfalls den Poren- und Kluftraum des Gesteins, zielt aber aufgrund der hohen Reaktivität des Gesteins im Gegensatz zur klassischen Porenspeicherung auf eine vergleichsweise schnelle mineralische Bindung des CO_2 ab. Eine weitere, bisher nur im Labormaßstab untersuchte Option ist die CO_2-Speicherung in (Methan-)Hydraten, unter Verdrängung und Ersatz des Methans durch CO_2.[74] Die Injektion von CO_2 in Erdöl- oder Erdgaslagerstätten (Enhanced Oil Recovery/EOR, Enhanced Gas Recovery/EGR) zum Zwecke einer erhöhten Ausbeutung von Kohlenwasserstoffressourcen, wobei der größte Teil des CO_2 dauerhaft in der Lagerstätte verbleibt, wird hier nicht betrachtet. Dieses Verfahren wird vielfach in Nordamerika angewandt und führt dort zur dauerhaften Bindung beträchtlicher Mengen CO_2 im Untergrund (mehrere zehn Millionen Tonnen CO_2 pro Jahr; siehe Kapitel 5.2).

Eine CO_2-Speicherung in tiefen Kohleflözen kommt in Deutschland wegen der Kohlequalitäten und damit verbundenen geringen Injektionsraten nicht in Betracht. Ebenso spielen Basalte wegen ihrer geringen Verbreitung in Deutschland keine Rolle. Ausgeförderte Erdöllagerstätten sind hierzulande in der Regel zu klein, zudem oft durch Störungen in Kompartimente zergliedert und in vielen Fällen auch in zu geringer Tiefe lagernd, um eine sichere und effiziente CO_2-Speicherung zu gewährleisten. Somit verbleiben für Deutschland erschöpfte Erdgaslagerstätten und tiefe, saline Aquifere als wesentliche Speicheroptionen. Die Speicherung in ehemaligen Erdgaslagerstätten entspricht einer Rückverlagerung von Kohlenstoff in Formationen, aus denen zuvor fossiler Kohlen(wasser)stoff entnommen wurde.[75]

Damit eine geologische Formation als CO_2-Speicher in Betracht kommt, müssen folgende Grundvoraussetzungen erfüllt sein:

- Es muss ein ausreichend poröses und permeables Speichergestein vorliegen, das sich mit einer möglichst hohen Mächtigkeit lateral weit erstreckt (hohe Speicherkapazität).
- Das Speichergestein muss von einem undurchlässigen Barrieregestein überdeckt sein, das eine vertikale Migration des CO_2 aus dem Speicher wirksam verhindert.
- Speicher- und Barrieregestein sollten eine geologische Fallenstruktur bilden, die die Ausdehnung des gespeicherten CO_2 lateral begrenzt.
- Das Speichergestein sollte eine Mindesttiefe von etwa 800 bis 1.000 Metern aufweisen, damit das CO_2 den verfügbaren Porenraum im Speicher mit hoher Dichte und geringem Eigenvolumen effizient füllt.

5.1.1 Speichermechanismen

Eine Kombination von physikalischen und chemischen Speichermechanismen trägt zur dauerhaften und sicheren Speicherung von CO_2 bei. Dabei werden im Wesentlichen vier Speichermechanismen unterschieden:

- Strukturell, lithologisch: Freies CO_2 steigt durch Auftriebskräfte nach oben und wird physikalisch unterhalb eines Barrieregesteins zurückgehalten.

---

71 | Vgl. Gasser et al. 2015.
72 | Vgl. EASAC 2018.
73 | Vgl. ENOS 2018.
74 | Vgl. TechnologieAllianz 2018.
75 | Zuvor genutztes Erdgas, im Wesentlichen bestehend aus Methan (CH_4), wird durch CO_2 ersetzt.

- Residual: Das CO_2 bleibt im Porenraum entlang der Migrationswege aufgrund von Kapillarkräften haften.
- Lösung: Das CO_2 löst sich chemisch im Formationswasser.
- Mineralisierung: Das CO_2 reagiert mit den Inhaltsstoffen des Formationswassers und der Speichergesteine und fällt dabei in Form stabiler Minerale (Karbonate) aus.

Wirkungsgefüge und Beziehungen zwischen den Speichermechanismen sind vielfältig und hängen von den lokal herrschenden geologischen Bedingungen sowie dem gewählten Injektionsverlauf ab. Während der Injektionsphase überwiegt der Anteil des CO_2 im Speicher, der durch physikalische Speichermechanismen gebunden ist. Der Anteil des durch langsame chemische Reaktionen gebundenen CO_2 gewinnt erst nach Ende der Injektionsphase an Bedeutung. Im Laufe der Zeit steigt die naturgegebene Speichersicherheit, weil sich zunehmend CO_2 im Formationswasser löst und die Menge der freien, nach oben strebenden CO_2-Phase abnimmt (siehe Abbildung 10). Zudem sinkt CO_2-gesättigtes Formationswasser aufgrund seiner im Vergleich zum CO_2-freien Formationswasser höheren Dichte im Speicher ab. Schließlich wird die Speichersicherheit dadurch weiter erhöht, dass das CO_2 in Form von Karbonaten dauerhaft in die feste Speichergesteinsmatrix eingebaut wird.[76]

Für das untertägige Verbringen großer CO_2-Mengen werden Speicher mit einer natürlichen strukturgeologischen Fallenstruktur als notwendig erachtet. Kleinere Mengen an CO_2, beispielsweise aus einzelnen Industrieanlagen, könnten mit residualer Bindung und Lösung im Formationswasser auskommen, ohne dass sich der CO_2-Stoffstrom weit von der Injektionsbohrung fortbewegt. Dadurch kommen zu den bisher als untersuchungswürdig angesehenen Gebieten weitere, lokalräumige Speichermöglichkeiten hinzu.

Neben den Mechanismen, die im Bereich der CO_2-Anreicherung im Speichergestein wirken, werden durch die Injektion von CO_2 in saline Aquifere auch Effekte im weiteren Umfeld der Injektionsstellen hervorgerufen. So führt die Einlagerung von CO_2 zu einer Druckerhöhung und einer partiellen Verdrängung des Formationswassers. Numerische Simulationen zeigen, dass ein Druckanstieg im Bereich von zehn Kilometern um die Injektionsstelle herum auftreten kann. Damit können auch geringfügige Hebungen der Oberfläche (in der Größenordnung von Millimetern) sowie eine induzierte Mikroseismizität verbunden sein. Beide Effekte sind in der Regel ohne spezifische geowissenschaftliche Messungen nicht wahrnehmbar. Ihre Überwachung ist dennoch notwendig und sinnvoll, um die Ausbreitung des CO_2 im Speicher zu verfolgen. Weiterhin ist zu beachten, wie sich das zu speichernde CO_2 mit den im Speichergestein vorhandenen Fluiden und dem festen Gerüst des Speichergesteins verhält. Nach Möglichkeit sollen geochemische Reaktionen, die mit raschen, geotechnisch relevanten Stoffumsätzen verbunden sind – wie beispielsweise Porositäts- und Permeabilitätsabnahmen durch Ausfällungen oder die Zersetzung von Speichergesteinen (Gerüstzerfall aufgrund der Lösung von Mineralen im Umfeld der Bohrungen) –, vermieden werden.[77] Um das CO_2 in das Speichergestein einbringen zu können, muss ein Injektionsdruck aufgebracht werden, der höher ist als der jeweils vorhandene Reservoirdruck. Dabei darf der Injektionsdruck die Bruchgrenze von Speicher- und Barrieregestein nicht überschreiten. Wenn das verdichtete CO_2 in saline Aquifere injiziert wird, steigt es im Porenraum infolge von Auftriebskräften so lange nach oben, bis es durch das darüber liegende, undurchlässige Barrieregestein am weiteren Aufstieg gehindert wird. Der Auftrieb entsteht infolge einer geringeren spezifischen Dichte des nicht gelösten CO_2 gegenüber dem im Porenraum vorhandenen Formationswasser.

5.1.2 Speicheroption Erdgaslagerstätten

Erschöpfte Erdgaslagerstätten stellen aus mehreren Gründen die bestgeeignete Option zur Speicherung von CO_2 dar (siehe Abbildung 5). Ihre Deckschichten konnten Flüssigkeiten und Gase erwiesenermaßen über Millionen von Jahren hinweg zurückhalten. Aufgrund der Förderhistorien ist zudem der Kenntnisstand über die geologische Charakteristik der jeweiligen Lagerstätte sehr hoch. Gegebenenfalls kann sogar ein Teil der noch vorhandenen Infrastruktur zur Förderung von Erdgas für einen CO_2-Speicherbetrieb nachgenutzt werden. Erschöpfte Erdgaslagerstätten haben weiterhin den Vorteil, dass sie typischerweise unterhydrostatische Druckbedingungen aufweisen. Zum einen ist dadurch der notwendige Injektionsdruck geringer als bei einer Speicherung in salinen Aquiferen, zum anderen erzeugt der nach innen gerichtete Druckgradient einen Fluss des mit CO_2 angereicherten Formationswassers in die Speicherstätte. Eine Erhöhung des Reservoirdrucks sowie die damit verbundene großräumige Ausbreitung des Drucks, wie sie bei der Speicherung in salinen Aquiferen zu erwarten sind, spielen deswegen nur eine untergeordnete Rolle.

Andererseits ist zu beachten, dass im Bereich von Erdgasfeldern zahlreiche Altbohrungen vorhanden sein können. Diese stellen für das injizierte CO_2 potenzielle Migrationspfade zur Erdoberfläche hin dar. Für eine Nutzung als CO_2-Speicher müssen die vorhandenen sowie die bereits verfüllten Altbohrungen aufgefunden und gegebenenfalls neu abgedichtet werden.

---

76 | Vgl. Kühn 2011.
77 | Vgl. Wolf et al. 2016.

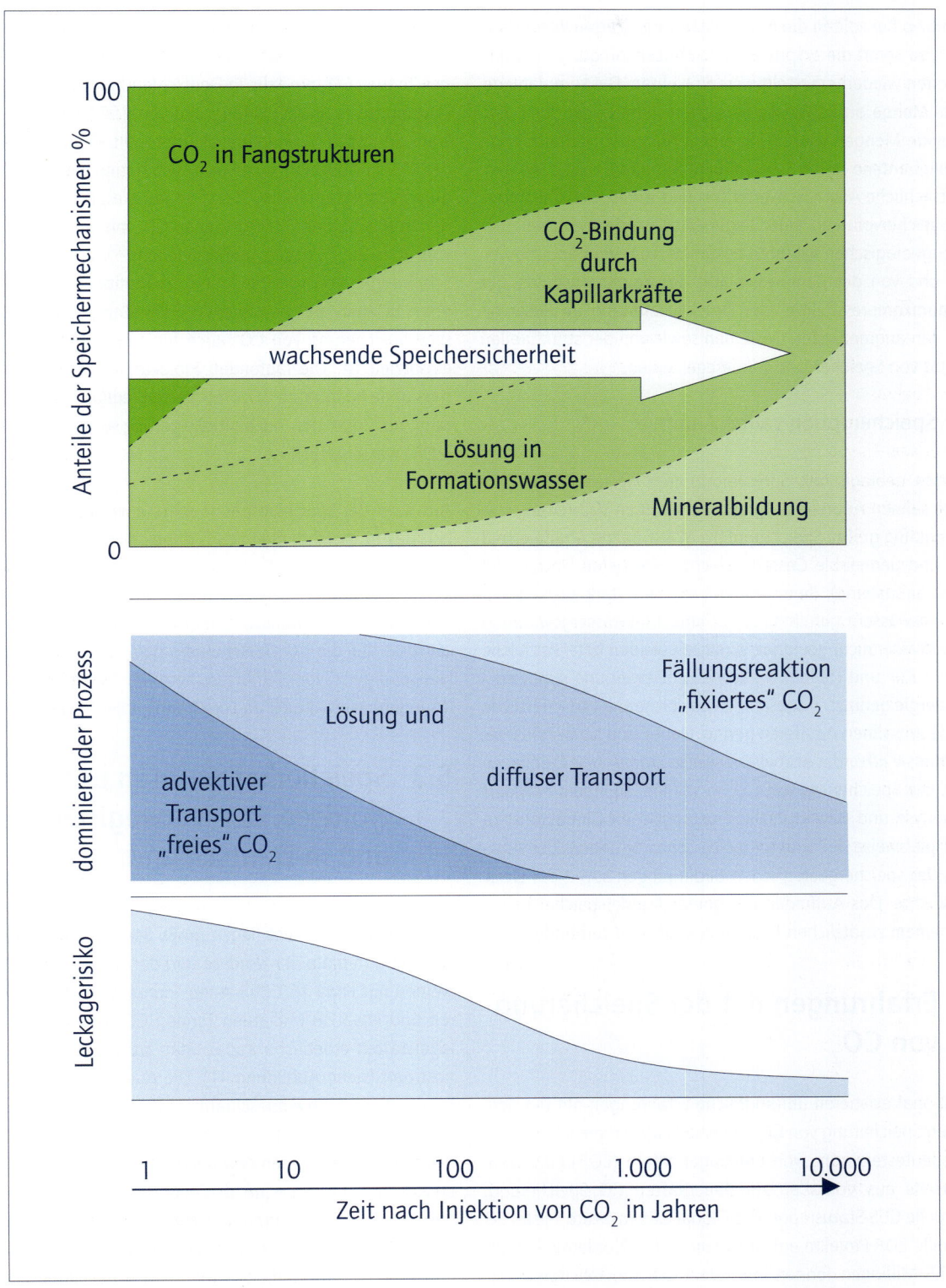

Abbildung 10: Speichermechanismen mit Zeitachse und Abnahme des naturgegebenen Leckagerisikos im Zeitverlauf (Quelle: eigene Darstellung in Anlehnung an Kühn et al. 2009)

Vom Prinzip her sollten die erschöpften Lagerstätten wieder aufgefüllt und somit die ursprünglichen Druckbedingungen in den Reservoiren wiederhergestellt werden können. Die kumulativ geförderte Menge an Kohlenwasserstoffen sollte dabei durch entsprechende Mengen von CO_2 in einem Austauschverhältnis von 1:1 (Volumenteile unter Reservoirbedingungen) ersetzt werden. Das tatsächliche Austauschverhältnis und somit auch das potenzielle Speichervolumen einer Lagerstätte werden von weiteren reservoirgeologischen Faktoren bestimmt: vom Verdrängungsverhalten und von der Kompressibilität des Formationsfluids, der Porenraumkompressibilität, der Druckausbreitung im Reservoir und in den angrenzenden Gesteinen sowie von der strukturellen Integrität von Speicher- und Barrieregesteinen.

5.1.3 Speicheroption saline Aquifere

Unter den geologischen Speicheroptionen weisen in Deutschland die salinen Aquifere aufgrund ihrer weiten Verbreitung das mengenmäßig größte Speicherpotenzial auf. Saline Aquifere sind poröse und permeable Gesteinsschichten im tiefen Untergrund (zumeist Sandsteine), deren Porenräume mit stark salzhaltigen Formationswässern gefüllt sind. Für eine Trinkwassergewinnung sind die Wässer nicht geeignet; vereinzelt werden tiefe, salzreiche Wässer in Kur- und Heilbädern sowie zur Gewinnung geothermischer Energie genutzt. Insgesamt ist das bisherige wirtschaftliche Interesse an salinen Aquiferen gering. Daher sind sie weitaus weniger intensiv erkundet als beispielsweise Erdgas- und Erdöllagerstätten. Die Speicherung von CO_2 in salinen Aquiferen erfordert eine Analyse und Bewertung von geologischen Charakteristika wie beispielsweise der strukturgeologischen Situation, des Aquifertyps, der speichergeologischen Bedingungen sowie der Deckgebirgsdichte. Das Auffinden geeigneter Aquiferspeicher ist daher mit einem zusätzlichen Erkundungsaufwand verbunden.

5.2 Erfahrungen mit der Speicherung von CO_2

International existieren umfangreiche Erfahrungen mit der geologischen Speicherung von CO_2, einerseits aus Projekten, die CO_2 zur Ausbeutesteigerung von Erdöllagerstätten (EOR) einsetzen, andererseits aus Vorhaben zur dauerhaften CO_2-Speicherung. Der aktuelle CCS-Statusreport des Global CCS Institute[78] listet 13 industrielle EOR-Projekte auf (überwiegend in Nordamerika) mit etwa 27,5 Millionen Tonnen injiziertem CO_2 pro Jahr sowie vier industrielle, reine CO_2-Speicherprojekte (Sleipner und Snovhit/Norwegen, Decatur/USA, QUEST/Kanada) mit circa 3,7 Millionen Tonnen CO_2 pro Jahr. In Deutschland wurde die CO_2-Speicherung im geologischen Untergrund von 2004 bis 2018 am Pilotstandort Ketzin (Brandenburg) untersucht. Dabei wurden neben der CO_2-Einspeisung auch die Ausbreitung des CO_2 im Untergrund verfolgt und seine Rückförderung erprobt. Insgesamt wurden in fünf Jahren 67.000 Tonnen CO_2 mit einem Reinheitsgrad von über 99,9 Prozent eingespeichert.[79,80] Zusammen mit den Erfahrungen von verschiedenen internationalen Speicherstandorten belegen die gewonnenen Erkenntnisse, dass die geologische Speicherung von CO_2 auch für den industriellen Maßstab einsatzreif ist. Die laufenden Projekte zeigen allerdings auch, dass ohne adäquaten CO_2-Preis derzeit lediglich die CO_2-Speicherung im Zuge der Ausbeutesteigerung von Erdöllagerstätten (EOR) wirtschaftlich ist.

Aus Sicht der Speichereffizienz sollte eine möglichst hohe Reinheit des zu speichernden Gases angestrebt werden. In der Praxis wird der Einsatz der CCS-Technologie insbesondere im industriellen Sektor zu intermittierenden CO_2-Strömen mit gegebenenfalls wechselnden Zusammensetzungen führen. Welche Konsequenzen dies auf die CO_2-Speicheranforderungen hat (zum Beispiel Notwendigkeit von Pufferspeichern im Transportnetz, Clusterlösungen), wird aktuell im Forschungsprojekt CLUSTER eruiert.[81]

5.3 Speicherkapazitäten unter der Nordsee, der Norwegischen See und in Deutschland

Aus europäischer Sicht liegen große Speicherkapazitäten insbesondere unterhalb der Nordsee und der Norwegischen See. Hier werden mit etwa 165 Milliarden Tonnen CO_2 in salinen Aquiferen und etwa 38 Milliarden Tonnen CO_2 in Erdgas- und Erdöllagerstätten erhebliche Kapazitäten zur CO_2-Speicherung prognostiziert (siehe Abbildung 11). Die Aussagekraft dieser Zahlen ist allerdings noch eingeschränkt, da sich die Kapazitätsabschätzungen der Anrainerstaaten hinsichtlich Quantität und Qualität der eingehenden Daten und auch im Betrachtungsmaßstab unterscheiden. Ein Szenario in Großbritannien geht davon aus, dass das Land zur Jahrhundertmitte jährlich 75 Millionen Tonnen CO_2 in Formationen unterhalb der Nordsee einlagern wird, davon jährlich 13 Millionen Tonnen aus dem Industriesektor.[82]

78 | Vgl. GCCSI 2017.
79 | Vgl. Martens et al. 2014.
80 | Vgl. Liebscher et al. 2012.
81 | Vgl. BGR 2018.
82 | Vgl. CCSA 2017.

Die amtierende Regierung der Niederlande beabsichtigt, ab 2030 jährlich 20 Millionen Tonnen CO_2 durch CCS in den Untergrund zu verbringen.[83] Die norwegische Regierung unterstützt ein derzeit bis 2022 ausgelegtes CCS-Demonstrationsvorhaben zur Speicherung von jährlich rund 1,3 Millionen Tonnen CO_2 in Schichten unter der Norwegischen See.[84]

Das Speicherpotenzial von Erdgaslagerstätten in Deutschland hat die Bundesanstalt für Geowissenschaften und Rohstoffe (BGR) ermittelt. Dabei wurden nur diejenigen Erdgasfelder betrachtet, bei denen bis 2008 eine kumulierte Erdgasförderung von mindestens 2 Milliarden Kubikmeter überschritten wurde.[85] Die Speicherkapazität wurde auf Basis von Produktionszahlen und publizierten Reserven geschätzt. Demzufolge wird die Speicherkapazität der 39 bekannten deutschen Erdgasfelder, die fast ausschließlich in Nordwestdeutschland liegen, insgesamt mit etwa 2,75 Milliarden Tonnen CO_2 beziffert.[86]

In den letzten 15 Jahren hat die BGR im Rahmen von Projektstudien auch mögliche volumetrische CO_2-Speicherkapazitäten in salinen Aquiferstrukturen für verschiedene Regionen Deutschlands berechnet und das mögliche Speichervolumen für Deutschland aktualisiert. Die Untersuchung hat etwa 75 Prozent der Fläche der drei Sedimentbecken „Norddeutsches Becken" (inklusive des Deutschen Nordseesektors), „Oberrheingraben" und „Alpenvorlandbecken" (siehe Abbildung 5) erfasst und die darin erkannten räumlich begrenzten Fallenstrukturen einbezogen.[87] Variationen der Berechnungsparameter wurden mithilfe statistischer Simulationen vorgenommen, um Unsicherheiten in den Resultaten abzuschätzen. In Summe ergeben sich Speicherkapazitäten von 6,3 (zu 90 Prozent Wahrscheinlichkeit), 9,3 (zu 50 Prozent Wahrscheinlichkeit) und 12,8 Milliarden Tonnen CO_2 (zu 10 Prozent Wahrscheinlichkeit). Davon liegt eine mittlere Kapazität von rund 2,9 Milliarden Tonnen CO_2 im Deutschen Nordseesektor.[88] Die untersuchungswürdigen Gebiete, in denen nach jetzigem Kenntnisstand die Bedingungen für eine Speicherung von CO_2 am besten erfüllt sind, befinden sich vor allem in Norddeutschland.[89]

Insgesamt ergibt sich eine für viele Dekaden ausreichende Speichermenge für künftig zu erwartende Emissionen aus dem Industriesektor, ebenso für das Erreichen negativer Emissionen durch eine mögliche Verknüpfung mit Direct-Air-Capture in der zweiten Jahrhunderthälfte (siehe Tabelle 4). Bei einem Einsatz der CCS-Technologie für kleinere CO_2-Quellen kommen weitere, weniger ausgedehnte Speicherstrukturen hinzu.

Solange die Frage der öffentlichen Akzeptanz einer CO_2-Speicherung für den deutschen Festlandbereich ungeklärt ist, erscheint die (gegebenenfalls grenzüberschreitende) Speicherung im marinen Bereich in naher Zukunft als die insgesamt teurere, aber eher realisierbare Option.

	10 Mio. t CO_2 jährl.	20 Mio. t CO_2 jährl.	50 Mio. t CO_2 jährl.	100 Mio. t CO_2 jährl.
(a) Off-shore deutsche Nordsee, 2,9 Mrd. t CO_2	290 Jahre	145 Jahre	58 Jahre	29 Jahre
(b) On-shore Deutschland 9,1 Mrd. t CO_2	910 Jahre	455 Jahre	182 Jahre	91 Jahre
(c) Off-shore Nordsee und Norwegische See, 10%-Anteil, ca. 20 Mrd. t CO_2	2000 Jahre	1000 Jahre	400 Jahre	200 Jahre

Tabelle 4: Speicherpotenzial in Jahren bei einer Einlagerung von jährlich 10, 20, 50, 100 Millionen Tonnen CO_2 in den Bereichen (a) Off-shore deutsche Nordsee, (b) On-shore Deutschland, (c) Off-shore Nordsee und Norwegische See, hier mit einem Anteil von 10 Prozent des geschätzten Speichervolumens (Quelle: eigene Darstellung; Gesamtgröße der Speicherpotenziale gerundet in Anlehnung an Abbildung 11)

83 | Vgl. Bellona Foundation 2017.
84 | Vgl. Ministry of Petroleum and Energy 2016.
85 | Gemessen unter Normalbedingungen, entsprechend etwa 5 Millionen Tonnen CO_2 unter Speicherbedingungen; seinerzeit als Minimum für die ökonomische Abscheidung und Speicherung von CO_2 angesehen.
86 | Vgl. Gerling 2008.
87 | Vgl. Knopf et al. 2010.
88 | Beispielsweise das Feld A6/B4 im sogenannten Entenschnabel (TU Clausthal 2018).
89 | Bisher haben allerdings die Länder Mecklenburg-Vorpommern, Schleswig-Holstein und Niedersachsen unter Anwendung der im Kohlendioxidspeicherungsgesetz (KSpG) verankerten Ausstiegsklausel durch Landesgesetze – das Land Brandenburg durch einen Landtagsbeschluss – eine CO_2-Speicherung in ihren Hoheitsgebieten (einschließlich der Küstenmeere) ausgeschlossen.

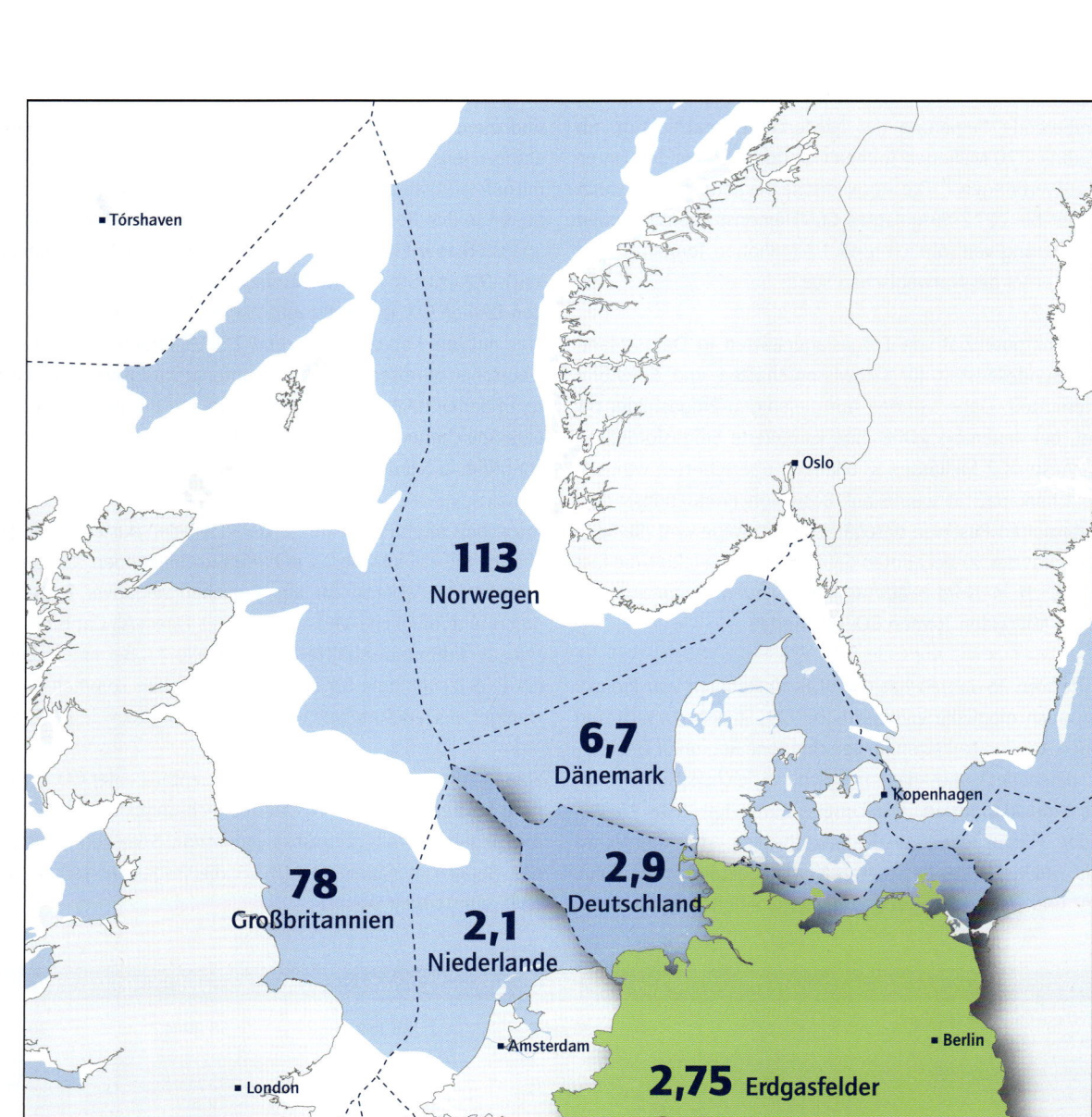

Abbildung 11: Prognostizierte CO_2-Speicherpotenziale in Formationen unterhalb der Nordsee und der Norwegischen See sowie in Deutschland; Angaben im marinen Bereich aggregiert für saline Aquifere und Kohlenwasserstofflagerstätten (Quelle: Bentham et al. 2014; Riis/Halland 2014; Anthonsen et al. 2013; Anthonsen et al. 2014; Knopf et al. 2010; Neele et al. 2012)

6 Gesetzliche Regelungen, politische Rahmenbedingungen, technische Normen

6.1 Gesetzliche Regelungen

Die europäische Richtlinie über die geologische Speicherung von CO_2 ist 2009 in Kraft getreten.[90] Nach einem mehrjährigen, schwierigen Gesetzgebungsprozess inklusive Vermittlungs- und drohendem EU-Vertragsverletzungsverfahren ist die CCS-Richtlinie mit dem Gesetz über die Demonstration und Anwendung von Technologien zu Abscheidung, Transport und dauerhafter Speicherung von CO_2, dem sogenannten CCS-Gesetz, 2012 in Deutschland umgesetzt worden. Zentraler Bestandteil des Artikelgesetzes ist das Gesetz zur Demonstration der dauerhaften Speicherung von CO_2 (Kohlendioxidspeicherungsgesetz/KSpG).[91]

6.1.1 Ziele und Anwendungsbereich des Kohlendioxidspeicherungsgesetzes

Das KSpG war in der 16. Legislaturperiode zunächst für den vollumfänglich großtechnischen Einsatz der CCS-Technologie entworfen worden. Angesichts zunehmenden Widerstands in den Ländern ist das Gesetz im Laufe der 17. Legislaturperiode als sogenanntes Demonstrationsgesetz beschlossen worden. Dementsprechend ist bei einem maximalen jährlichen Speichervolumen von 1,3 Millionen Tonnen CO_2 pro Speicher die jährlich zulässige Gesamtspeichermenge in Deutschland auf 4 Millionen Tonnen CO_2 insgesamt beschränkt. Anträge auf Speicherzulassung konnten nur bis 31. Dezember 2016 gestellt werden; neue Speicher können nach aktueller Rechtslage also nicht mehr zugelassen werden. Das Gesetz lässt demgegenüber aber die Planfeststellung für CO_2-Leitungen zu, sodass die Abscheidung und der anschließende Transport mittels Leitungen oder aber auch per Schiff beziehungsweise Lkw durch die derzeitige Rechtslage in Deutschland nicht beschränkt sind. Bis zum 31.12.2018 berichtet die Bundesregierung dem Deutschen Bundestag über die Anwendung des Gesetzes und die international gewonnenen Erfahrungen sowie den wissenschaftlich-technischen Erkenntnisstand.

Während des Gesetzgebungsverfahrens war vor allem die sogenannte Länderklausel umstritten, die es den Bundesländern erlaubt, bestimmte Gebiete von der Erprobung der CO_2-Speicherung auszuschließen oder die Speicherung nur in bestimmten Gebieten zuzulassen. Hiervon haben die Länder Niedersachsen, Schleswig-Holstein, Mecklenburg-Vorpommern und die Stadtstaaten Gebrauch gemacht und ihr gesamtes Landesgebiet – einschließlich des gesamten Küstenmeeres in der Nord- und Ostsee – gesperrt.[92] Von der Länderklausel ausgenommen ist die ausschließliche Wirtschaftszone, für die allerdings schon wegen des Fristablaufs Ende 2016 kein Antrag mehr auf CO_2-Speicherung gestellt werden kann.

6.1.2 CO_2-Abscheidung

Mit den Artikeln 7 und 8 des KSpG sind die einschlägigen Immissionsschutzverordnungen im Hinblick auf Abscheideanlagen ergänzt worden: Anlagen zur Abscheidung von CO_2 aus Anlagen, die der Genehmigung im förmlichen Verfahren nach dem Bundes-Immissionsschutzgesetz (BImSchG) bedürfen, sind genehmigungspflichtig. Wird eine Abscheidungsanlage im Rahmen der Neuerrichtung einer genehmigungsbedürftigen Anlage als deren integrierter Teil[93] oder als eine Nebeneinrichtung errichtet, so wird sie von der Genehmigung für die Gesamtanlage erfasst.

6.1.3 Transport des abgeschiedenen CO_2

Die Errichtung, der Betrieb und wesentliche Änderungen von CO_2-Leitungen bedürfen gemäß KSpG der Planfeststellung. Auf das genehmigungsrechtliche Verfahren sind die energierechtlichen Vorschriften für die Errichtung von Gasleitungen entsprechend anwendbar, was eine erhebliche Beschleunigung des Verfahrens ermöglicht. Erfasst sind neben den eigentlichen Leitungen auch die für den Transport erforderlichen Verdichter- und Druckerhöhungsstationen.

Die abfallrechtlichen Beschränkungen sind auf einen (grenzüberschreitenden) Transport des abgeschiedenen CO_2 nicht anwendbar, denn das Kreislaufwirtschaftsgesetz nimmt das CO_2, das für den Zweck der dauerhaften Speicherung oder für

---

90 | Vgl. Europäisches Parlament 2009.
91 | Vgl. KSpG 2012.
92 | Fraglich ist allerdings, ob die Länderklausel den vollständigen Ausschluss des Landesgebietes überhaupt ermöglicht. Wortlaut und Zweck der Vorschrift sprechen nicht dafür.
93 | Vgl. Dieckmann 2012.

Forschungszwecke abgeschieden, transportiert und gespeichert wird, explizit aus dem Anwendungsbereich des Abfallrechts aus. Bisher nicht geklärt ist demgegenüber der Umgang mit Artikel 6 des Londoner Protokolls zum „Londoner Übereinkommen über die Verhütung der Meeresverschmutzung durch das Einbringen von Abfällen und anderen Stoffen" von 1972. Zwar ermöglicht die Änderung des Artikels den grenzüberschreitenden Transport zum Zweck der Speicherung unterhalb des Meeres; die Regelung tritt aber erst in Kraft, wenn mindestens dreißig Mitglieder des Protokolls die Änderung ratifiziert haben. Mit bisher drei Ratifikationen ist man von einer rechtsgültigen Regelung damit noch weit entfernt. Lösungswege zeigt eine Analyse der IEA von 2005 auf.[94]

6.1.4 Einrichtung und Betrieb von CO_2-Speichern

Das Verfahren zur Zulassung eines CO_2-Speichers ist in der Regel – aber nicht zwingend – zweigeteilt. Die vorgeschaltete Untersuchung des Untergrunds auf seine Eignung zur Errichtung eines Speichers bedarf einer Genehmigung; schon im Antragsstadium auf Erteilung einer Untersuchungsgenehmigung ist die Öffentlichkeit umfassend zu beteiligen.

Errichtung, Betrieb und die wesentliche Änderung eines CO_2-Speichers bedürfen der Planfeststellung. Einen Anspruch auf Erteilung eines Planfeststellungsbeschlusses begründet die Vorschrift nicht, da es sich um eine planerische Abwägung handelt, bei der alle berührten öffentlichen und privaten Belange ermittelt, bewertet und abgewogen werden.[95]

Eine der zentralen Voraussetzungen für die Zulassung eines CO_2-Speichers ist dessen Langzeitsicherheit. Sie wird definiert als Zustand, der gewährleistet, dass das gespeicherte CO_2 und die gespeicherten Nebenbestandteile des CO_2-Stroms unter Berücksichtigung der erforderlichen Vorsorge gegen Beeinträchtigungen von Mensch und Umwelt in dem CO_2-Speicher dauerhaft zurückgehalten werden. Die Planfeststellung setzt ferner voraus, dass durch die Anlage keine Gefahren für Mensch und Umwelt hervorgerufen werden. Diese Gefahrenabwehrpflicht korrespondiert mit der verschuldensunabhängigen Gefährdungshaftung des Anlagenbetreibers. Verschärft wird diese Haftung durch eine Kausalitätsvermutung zugunsten des Geschädigten. Zur Widerlegung der Vermutung ist der Nachweis des bestimmungsgemäßen Betriebs und einer geeigneten Alternativursache erforderlich, womit die Anforderungen im Vergleich zum Umwelthaftungsgesetz deutlich erhöht sind.

6.1.5 Raumplanung

Bei der Planfeststellung für einen CO_2-Speicher sind die Ziele, Grundsätze und sonstigen Erfordernisse der Raumordnung zu berücksichtigen. Die Raumordnung ist nicht auf oberirdische Nutzungen beschränkt, sondern schließt auch das unterirdische Aufsuchen und Gewinnen von Rohstoffen beziehungsweise die weiteren Nutzungsmöglichkeiten des Untergrunds mit ein. Die Träger der Raumordnung in den Ländern könnten insbesondere mit der Festlegung von Vorrang- und/oder Eignungsgebieten die Konflikte zwischen konkurrierenden unterirdischen Nutzungen planerisch lösen. Allerdings sind der Raumplanung im Untergrund durch die existierenden geowissenschaftlichen Daten sowie die Standortgebundenheit bestimmter Rohstoffe oder Nutzungsmöglichkeiten natürliche Grenzen gesetzt. Letztlich wird bei nicht ausreichender Datenlage immer nur eine Standorterkundung den Nachweis führen können, ob eine bestimmte Nutzung oder Gewinnung möglich und wirtschaftlich sinnvoll ist.

Insgesamt ist mit dem KSpG ein Rechtsrahmen für die CO_2-Speicherung in Deutschland geschaffen worden, der im Falle einer Verlängerung der Antragsfrist für Speicherprojekte Rechts- sowie Investitionssicherheit schafft und zugleich ein hohes Umweltschutzniveau gewährleistet. Die Abscheidung und der Transport von CO_2 sind auch ohne eine Verlängerung der Antragsfristen möglich, sodass das geltende Recht der weiteren Entwicklung dieser Teile der Prozesskette derzeit nicht im Wege steht.

6.2 CCU und CCS als politische Handlungsfelder

6.2.1 Deutschland

Die aktuelle Bundesregierung weiß um den Handlungsbedarf zum Erreichen der Ziele des Pariser Klimaschutzabkommens und hat sich nicht grundlegend ablehnend zu CCS geäußert. Falls industriell bedingte Emissionen anderweitig nicht vermieden werden können, soll laut Klimaschutzplan 2050 eine mögliche Rolle von CCS in diesem Kontext geprüft werden.

Das Bundesforschungsministerium (BMBF) hat mit dem AUGE-Vorhaben (Auswertung von GEOTECHNOLOGIEN-Projekten zum Thema Kohlendioxidspeicherung) zum Abschluss seines ausgelaufenen Förderprogramms alle bisherigen Forschungsprojekte zur CO_2-Speicherung zusammengefasst und bewertet.[96] Das

---

94 | Vgl. IEA 2011.
95 | Vgl. Hellriegel 2010, Dieckmann 2012.
96 | Vgl. GEOTECHNOLOGIEN 2018.

CO_2-Plus-Förderprogramm des BMBF zur stofflichen Nutzung von CO_2 nimmt CCU in erster Linie als Mittel zur Ausweitung der Rohstoffbasis in den Blick.[97,98]

Das COORETEC-Programm (CO_2-Reduktionstechnologien) des Bundeswirtschaftsministeriums (BMWi) ist aufgegangen im neuen Forschungsnetzwerk „Flexible Energieumwandlung". Das BMWi ist über den Projektträger Jülich an einem sogenannten ERA-NET (European Research Area-Network) beteiligt, einem unter Horizon 2020 der EU-Kommission ins Leben gerufenen Programm zur gemeinsamen Forschungsförderung. Das ERA-NET ACT (Accelerating CCS Technologies) hat bei einem Fördervolumen von insgesamt 41 Millionen Euro bisher acht CCS-Projekte in Europa als förderwürdig anerkannt; ein zweiter Förderaufruf über bis zu 30 Millionen Euro erging im Juni 2018.[99] Darüber hinaus ist das BMWi in verschiedenen europäischen und nationalen Foren zum Thema CCS vertreten, unter anderem im Carbon Sequestration Leadership Forum und in der North Sea Basin Task Force.

6.2.2 Europäische Union

Von den von der EU-Kommission in den Zweitausender Jahren anvisierten zwölf großtechnischen CCS-Demonstrationsprojekten ist keines realisiert worden. Zwei umfangreiche Förderprogramme, das European Energy Programme for Recovery (EEPR) und die Förderung aus Mitteln der Neuanlagenreserve des Europäischen Emissionshandels (der sogenannten NER 300), sind ins Leere gelaufen. Das letzte Projekt, das ROAD-Projekt in Rotterdam,[100] ist im Juli 2017 aufgegeben worden, nachdem die beteiligten Firmen ENGIE und Uniper Benelux ihre Finanzierungszusage zurückgezogen hatten. Die Gründe für die bisherige Nichtdurchsetzung großtechnischer Demonstrationsprojekte sind vielfältig. Mangelnde Akzeptanz und fehlende Erfahrung mit dem Rechtsrahmen können neben den Technologiekosten bei gleichbleibend niedrigen Zertifikatpreisen als Hauptursachen angesehen werden. Mit dem ETS Innovation Fund (NER 400) sollen zwischen 2020 und 2030 nochmals CCS- und nun auch CCU-Projekte gefördert werden können.[101] Auch sollen die Fördermittel auf Vorhaben der Industrie ausgeweitet werden. Darüber hinausgehend bietet die Energieinfrastrukturverordnung in Kombination mit dem Förderinstrument Connecting Europe Facility (CEF) ein Fördervolumen von insgesamt 5,35 Milliarden Euro für europäische Energieinfrastrukturprojekte und damit auch grenzüberschreitende CCS-Vorhaben. In einem ersten Schritt sind vier CCS-Infrastrukturvorschläge, die sich für eine weitere Förderung qualifizieren können, als sogenannte Projekte von gemeinsamem Interesse (Projects of Common Interest, PCIs) anerkannt worden. Ferner spielen alle Technologieelemente der CCU- und CCS-Prozessketten im Rahmen des Integrated SET Plan (Strategic Energy Technology Plan), der sich die beschleunigte Entwicklung von Low-Carbon-Technologien zum Ziel setzt, eine bedeutende Rolle.

6.3 Technische Normen und Risiken

Für CCU-Technologien existieren keine speziellen technischen Normen; für sie gilt das bereits bestehende Regelwerk für Chemikalien und Materialien aller Art. Um jedoch schon in einem frühen Forschungs- und Entwicklungsstadium eine bessere Vergleichbarkeit in der Bewertung der Ökobilanzen dieser Technologien zu ermöglichen, werden derzeit in mehreren Initiativen freiwillige Richtlinien sowohl für Lebenszyklusanalysen (auf Basis der existierenden ISO-Standards 14040/44) als auch für technoökonomische Analysen von CCU-Technologien erarbeitet.[102,103] Ungeachtet der Freiwilligkeit in der Anwendung können diese Richtlinien helfen, eine einheitliche Herangehensweise in der Bewertung und Interpretierbarkeit der Ergebnisse zu ermöglichen.

Hinsichtlich der CCS-Technologien erfolgt die Erarbeitung von technischen Normen und Standards seit 2011 bei der International Organization for Standardization (ISO), und zwar durch das Technical Committee ISO/TC 265 – Carbon Dioxide Capture, Transportation, and Geological Storage unter kanadischer Leitung. ISO-Normen legen im Regelfall den Stand der Technik fest und haben den Charakter einer freiwillig anwendbaren Handlungsempfehlung; es sei denn, die Anwendung der Normen wird über die Referenzierung in Rechtsdokumenten (Gesetze, Verordnungen, Verträge) antizipiert. Für die Bundesrepublik Deutschland beteiligt sich das DIN – Deutsches Institut für Normung e. V. an der Mitarbeit.[104] Zurzeit sind 29 Staaten aktiv oder begleitend in die Entwicklung von CCS-relevanten ISO-Normen und -Standards involviert, wobei Fachleute aus Australien, China,

---

97 | Vgl. BMBF 2015.
98 | Vgl. DECHEMA 2016.
99 | Vgl. ACT 2018.
100 | Vgl. GCCSI 2009.
101 | Vgl. ETS Innovation Fund 2018.
102 | Vgl. Neugebauer/Finkbeiner 2012.
103 | Vgl. US EPA 2018.
104 | Grundlage dafür ist der Vertrag zwischen der Bundesrepublik Deutschland und dem DIN – Deutsches Institut für Normung e. V. vom 5. Juni 1975.

Deutschland, Frankreich, Japan, Kanada, Norwegen und den USA die maßgeblichen technischen Inhalte verhandeln. Zusätzlich nehmen unter anderem Vertreterinnen und Vertreter der International Energy Agency (IEA), des World Resources Institute (WRI) und des European Network of Excellence on the Geological Storage of CO_2 (CO_2GeoNet) an den Beratungen teil. Eine vergleichbare Aktivität ist im Bereich der europäischen Normung beim Europäischen Komitee für Normung (CEN) bisher nicht zu erkennen, was insbesondere auf die sehr unterschiedlichen Rechtslagen in den Mitgliedstaaten der EU zurückzuführen ist.

Das ISO/TC 265 befasst sich zurzeit mit folgenden Themenkomplexen:

- Abscheidetechnologien (ISO/TR 27912 und Reihe ISO 27919);
- Transport von CO_2 und Stoffstromzusammensetzung (ISO 27913 und ISO 27921);
- Geologische Speicherung (ISO 27914);
- Bilanzierung und Verifizierung von Stoffströmen (ISO/TR 27915);
- Enhanced Oil Recovery (EOR; ISO 27916);
- Lebenszyklus-Risikomanagement (ISO/TR 27918).

Bisherige Abschätzungen der technischen Risiken für den Transport von CO_2 durch Pipelines beruhen im Wesentlichen auf den Erfahrungen, die mit rund 6.600 Kilometern Pipeline hauptsächlich in den USA für die Unterstützung der Ölgewinnung mittels EOR gemacht wurden. Da es sich jeweils um sehr reines CO_2 aus natürlichen Quellen handelt, unterbleiben eine vorherige Aufreinigung der Gase und eine robuste Auslegung der Pipelines gegen Korrosion.

In der Gesamtbetrachtung ist die Pipelinetechnologie für eine CO_2-Transportinfrastruktur derzeit vorhanden und beherrschbar; das heißt, ein sicherer Betrieb ist technisch möglich. Forschungsbedarf besteht vorrangig für die thermodynamische Beschreibung, also Zustandsgleichungen für komplexe Multiphasensysteme. Für eine Risikoanalyse im Hinblick auf jegliche Form von Leckagen müssen hierzu die Korrosionsmechanismen innerhalb der Pipelines noch besser verstanden und eine umfassende Modellierung von Schadensfällen mit flüssigem CO_2 durchgeführt werden. Im Rahmen einer Überwachung der Transportnetze gehören dazu auch Konzepte für Beimengungen von kritischen Komponenten im CO_2-Gasgemisch und die Kontrolle der eigentlichen Massenströme. Dies soll Gegenstand eines neuen Projekts im ISO/TC 265 werden.

In der Norm ISO 27914 zur geologischen Speicherung[105] sind die Anforderungen an Planung, Standortauswahl, Modellierung, Risikoabschätzung, Kommunikation, Bau, CO_2-Einspeisung, Betrieb, Monitoring, Verifizierung, Dokumentation und Schließung von Anlagen festgelegt. Hierzu wurden von Deutschland die Erfahrungen aus dem Pilotstandort Ketzin (Land Brandenburg) eingebracht. Die Norm gilt jedoch nur für die unmittelbare CO_2-Speicherung und berücksichtigt keine CCU-Maßnahmen. Diese werden für den Anwendungsfall EOR[106] behandelt, wobei in der Norm vorangestellt ist, dass im Wesentlichen die Beschreibung einer Unterstützung der Ölgewinnung mittels CO_2 adressiert wird.[107] Sollte derselbe Standort anschließend für die dauerhafte Speicherung von CO_2 vorgesehen werden, gelten die Anforderungen nach ISO 27914.

Aus deutscher Sicht bilden die Quantifizierung und Verifizierung der CO_2-Ströme im Gesamtprozess und in Teilprozessen einen wesentlichen Bestandteil sowohl für die Planung der Anlagen als auch für Betrachtungen der Anlageneffizienz und der möglichen Risiken. Ein technischer Bericht[108] führt in die unterschiedlichen Herangehensweisen ein.

---

105 | Vgl. ISO 2017a.
106 | In dieser POSITION nicht unter CCU erfasst.
107 | Vgl. ISO 2017c.
108 | Vgl. ISO 2017b.

CCU und CCS im Kontext von Wirtschaft und Gesellschaft

7 CCU und CCS – Gemeinsamkeiten und Unterschiede

Obgleich sie sich in vielerlei Hinsicht unterscheiden, werden die CCU- und CCS-Technologien häufig gemeinsam betrachtet[109] oder sogar miteinander verwechselt.[110] Letzteres ist zumeist in der öffentlichen Wahrnehmung außerhalb der technisch-naturwissenschaftlichen Gemeinschaft der Fall und liegt vermutlich in der Ähnlichkeit der Begrifflichkeiten begründet. Eine gemeinsame Betrachtung von CCU und CCS, die in Diskursen in Politik, Wirtschaft und Medien gleichermaßen stattfindet,[111] gründet zum Teil auf den technischen Gemeinsamkeiten im Bereich der CO_2-Abscheidung. Insgesamt sind die Unterschiede zwischen CCU und CCS jedoch erheblich.

7.1 Motivationen der Entwicklung von CCU und CCS

Die Entwicklung von CCU-Technologien ist vorrangig durch die mögliche Erschließung einer neuen Kohlenstoffquelle und die damit einhergehende Verbreiterung und Sicherung der Rohstoffbasis motiviert.[112] CCU-Technologien unterstützen auf diese Weise eine Transformation der Energiesysteme hin zu erneuerbaren Quellen, insbesondere in Sektoren außerhalb der Energiewirtschaft, beispielsweise im produzierenden Gewerbe und im Transportsektor.[113]

CCS-Technologien wurden hingegen bisher in erster Linie im Zusammenhang mit der Reduktion von CO_2-Emissionen betrachtet, insbesondere in Bezug auf große Punktquellen wie mit Kohle betriebene Kraftwerke und Industrieanlagen.[114] CCS wurde damit als ein Weg vorgeschlagen, die klimaschädlichen Nebenwirkungen einer auf fossilen Rohstoffen basierenden Erzeugung elektrischer Energie zu reduzieren.[115] Nach Schätzung des IPCC waren 2005 weltweit etwa 8.000 solcher Punktquellen für 40 Prozent der anthropogenen CO_2-Emissionen verantwortlich.[116] Vor diesem Hintergrund misst der IPCC-Bericht dem Konzept CCS ein großes Potenzial für die Emissionsvermeidung bei. Ein Beitrag zur Transformation der herkömmlichen Energiesysteme ist damit nicht verbunden.

7.2 Quellen und Verbleib des verwendeten CO_2

Für die Anwendung von CCU kommt eine Vielzahl von Quellen infrage, da die benötigten CO_2-Mengen durch die jeweilige Nutzungsmöglichkeit bestimmt werden. Daher eignen sich für CCU-Maßnahmen auch heute schon CO_2-Quellen unterschiedlicher Größe, die oft lokal zur Verfügung stehen. Die Reinheit des CO_2 spielt dabei meist eine wichtige Rolle, denn viele technische Anwendungen setzen diese voraus, und eine Veredelung zu höheren Reinheitsgraden kann mit hohen Kosten verbunden sein. Für die in diesem Bericht diskutierten CCS-Anwendungen zur THG-Minderung industrieller Prozesse gilt dies in gleicher Weise.

CCU-Technologien sind bisher nicht primär auf eine dauerhafte Bindung von CO_2 ausgelegt und können eine solche in der Regel auch nicht leisten. Vielmehr wird – abhängig von der jeweiligen Anwendung – das verwertete CO_2 wieder an die Atmosphäre abgegeben. Hierbei kann es sich um Tage oder Wochen (beispielsweise bei synthetischen Kraftstoffen) bis hin zu Jahren (beispielsweise bei Polymeren), Jahrzehnten oder Jahrhunderten handeln (beispielsweise Zement oder Mineralien).[117] Das Ziel der CCS-Technologie ist es dagegen, dauerhaft zu verhindern, dass CO_2 in die Atmosphäre gelangt; als dauerhaft gelten dabei Zeitspannen über 1.000 Jahre.[118] Im klimapolitischen Kontext liegt hierin ein wichtiger funktionaler Unterschied zwischen CCU und CCS.

---

109 | Vgl. GCCSI 2013, AIChE 2016.
110 | Vgl. Bruhn et al. 2016, Olfe-Kräutlein et al. 2016.
111 | Vgl. McConnell 2012, Smit et al. 2014, US DOE 2015.
112 | Vgl. BMBF 2013, BMBF 2015, thyssenkrupp AG 2018.
113 | Vgl. Klankermayer/Leitner 2015.
114 | Vgl. Haszeldine/Scott 2011, Scott et al. 2013, Scott et al. 2015.
115 | Vgl. IEA 2013.
116 | Vgl. IPCC 2005.
117 | Vgl. Styring et al. 2011, von der Assen et al. 2013.
118 | Vgl. IPCC 2005.

7.3 Nachhaltigkeitspotenziale und Wertschöpfung

Auch hinsichtlich der anzunehmenden Gesamtmengen an nutzbarem CO_2 unterscheiden sich CCU und CCS. Aufgrund der Ungewissheit eines schnellen und massiven Ausbaus regenerativer Energien ist davon auszugehen, dass vorerst nur vergleichsweise geringe Mengen von CO_2 klimaschutzwirksam für CCU genutzt werden können. Das Potenzial der CCS-Technologie, sollte sie zum Einsatz kommen, wird diesbezüglich schon früher als hoch eingeschätzt (siehe Kapitel 2, 4, 5). Ungeachtet dessen ist das vermiedene CO_2 für jede Maßnahme einzeln anhand einer Ökobilanz zu bestimmen.[119] Grundsätzlich wird ein Industrieprozess klimaneutral, wenn eine nachgeschaltete CCU-Maßnahme nicht zu mehr Emissionen führt, als der Industrieprozess selbst verursacht. In einigen Fällen können durch CCU sogar mehr als die im herkömmlichen Industrieprozess entstandenen Emissionen eingespart werden, wenn beispielsweise ein fossiler Rohstoff mit einem sehr großen CO_2-Fußabdruck anteilig durch CO_2 ersetzt wird.[120] In vielen Technologiepfaden ist der Einsatz erheblicher Mengen erneuerbarer Energien notwendig, um eine CO_2-Einsparung im Vergleich zu herkömmlichen Prozessen zu erreichen.[121]

Die wesentlichen Nachhaltigkeitspotenziale zahlreicher CCU-Anwendungen liegen in der Einsparung fossiler Rohstoffe und gegebenenfalls damit verbundenen Effizienzgewinnen. Sie fördern die Unabhängigkeit von fossilen Ressourcen und bieten eine Möglichkeit, die zum Teil als kritisch wahrgenommenen Umweltnebenwirkungen bei deren Förderung und Nutzung zu reduzieren.[122] Wie viele fossile Rohstoffe insgesamt mit CCU-Technologien eingespart werden können, lässt sich aus heutiger Perspektive kaum beziffern. Für jede CCU-Maßnahme muss für sich betrachtet das Einsparpotenzial individuell berechnet werden (siehe Kapitel 4). Bei der Gesamtbewertung spielen zudem Prozessoptimierungen eine Rolle, die wiederum zu indirekten Emissionseinsparungen führen können, in frühen Technologiestadien jedoch nur schwer absehbar sind.[123] Für CCU ist somit durch Rohstoffsubstitution und Effizienzgewinne im Grunde eine Wertschöpfung möglich, jedoch ist diese abhängig von der jeweiligen Technologie.[124]

Das Nachhaltigkeitspotenzial von CCS-Anwendungen besteht in der sicheren Verbringung von CO_2 in den tiefen Untergrund und damit in die Hemisphäre, aus der Erdgas und Erdöl gefördert werden. Eine CO_2-Einlagerung unterliegt strengen Prüf- und Genehmigungsverfahren der zuständigen Bergbehörde. Maßgebliches Kriterium ist dabei, dass das tiefengelagerte CO_2 dauerhaft von der Atmosphäre getrennt bleibt (siehe Kapitel 6.1.4).

7.4 Wahrnehmung, Akzeptanz und Folgen einer mangelnden Trennung von CCU und CCS

Während Planungen über den Einsatz von CCS-Technologien in Deutschland Ende der Zweitausender Jahre bei Teilen der Bevölkerung auf erheblichen Widerstand stießen – ein Umstand, der neben den ökonomischen Aspekten als Grund für das vorläufige Ende der Weiterentwicklung von CCS in Deutschland angesehen wird[125]–, sind CCU-Technologien bislang nicht auf Ablehnung gestoßen. Auch Berichten in Leitmedien[126] zu diesem Thema ist zu entnehmen, dass CCU-Technologien als deutlich weniger risikobehaftet eingeschätzt werden und sich die Akzeptanzsituation somit als weniger problematisch darstellt als bei CCS.[127] Ohne eine klare Differenzierung zwischen CCU und CCS im öffentlichen Diskurs besteht die Möglichkeit, dass eine früher bestandene Ablehnung gegenüber CCS unmittelbar auf CCU übertragen wird, ohne dass die spezifischen Potenziale von CCU beachtet werden.[128] Dies kann perspektivisch die Risiken für eine weitere politische und öffentliche Unterstützung der Entwicklung von CCU-Technologien erhöhen.

Häufig wird CCU zudem als Alternative zu CCS bezeichnet.[129] Eine der Folgen einer solchen Sichtweise kann darin bestehen, dass CCU-Technologien vor allem unter Gesichtspunkten eines möglichen Beitrags zu den Klimaschutzzielen bewertet

---

119 | Vgl. von der Assen et al. 2013.
120 | Vgl. von der Assen/Bardow 2014.
121 | Vgl. Sternberg/Bardow 2015, Universität Stuttgart 2015, Bazzanella/Ausfelder 2017.
122 | Vgl. von der Assen et al. 2013, BMBF 2015.
123 | Vgl. Olfe-Kräutlein et al. 2016.
124 | Vgl. Naims 2016.
125 | Vgl. Cremer et al. 2008, Wallquist et al. 2010, Brunsting et al. 2011, Seigo et al. 2014.
126 | Vgl. beispielsweise Schramm 2014, Fröndhoff 2015.
127 | Vgl. Olfe-Kräutlein et al. 2016.
128 | Vgl. Bruhn et al. 2016, Olfe-Kräutlein et al. 2016.
129 | Vgl. Armstrong/Styring 2015.

werden.¹³⁰ Dabei wird übersehen, dass positive Effekte von CCU-Anwendungen wie die Ressourceneffizienz ebenfalls mit dem Klimaschutz in Verbindung stehen.¹³¹ Eine Vermischung von CCU und CCS kann im Kontext der Energiewende auch den Eindruck erwecken, dass es sich bei CCU um eine Strategie handelt, die Nutzungsdauer fossil betriebener Stromerzeugungsanlagen zu verlängern.¹³² Als Folge solcher Eindrücke wurde CCU zum Beispiel als „Feigenblatt" für CCS bezeichnet.¹³³

Grundsätzlich bieten die CCU-Technologien die Möglichkeit eines verbesserten Rohstoffmanagements und Recyclings, wie sie von der Vision einer Kreislaufwirtschaft angestrebt werden.¹³⁴ CCU kann daher auch in Strategien zu Rohstoffsicherheit, Ressourceneffizienz und zirkulärer Wirtschaft integriert werden. Gemeinsam können CCU und CCS als zwei von mehreren Optionen eines übergreifenden Technologieportfolios zum Klimaschutz angesehen werden.

---

130 | Vgl. Markewitz et al. 2012, Hendriks et al. 2013, Oei et al. 2014.
131 | Vgl. von der Assen et al. 2013, Bennett et al. 2014.
132 | Vgl. ZEP 2013, Bozzuto 2015, Kenyon/Jeyakumar 2015.
133 | Vgl. Lasch 2014.
134 | Beispielsweise für die Kohlenstoffchemie; vgl. Bringezu 2014, World Economic Forum 2014.

8 Ökonomie von CCU und CCS sowie CCS-Markteinführung

Das Bemühen um eine möglichst rasche THG-Neutralität wirft die Frage auf, ob CCS für anderweitig nicht zu vermeidende Emissionen aus Industrieprozessen nicht stärker in den Vordergrund rücken muss. Nur wenige Länder, die in Paris Klimaschutzpläne vorgelegt haben, erwähnen CCS als prioritär. Ein erstes Set von Szenarien[135,136] zeigt aber auch, dass CCS für das Erreichen des 1,5-Grad-Ziels ein noch wichtigeres Element der Klimaschutzstrategie darstellen sollte als für das Erreichen des 2-Grad-Ziels. Da die CO_2-Anreicherung in der Atmosphäre für jedes dieser Szenarien im Laufe dieses Jahrhunderts über die Zielkonzentration hinausgeht, wird CO_2 aus der Atmosphäre entnommen werden müssen, ohne es in Form einer Kreislaufführung wieder in die Atmosphäre auszustoßen.[137] Eine Option wäre das sogenannte Direct-Air-Capture-Verfahren in Kombination mit der geologischen Speicherung von CO_2.[138] Hierfür sind wir in Deutschland momentan nicht vorbereitet. Sowohl die aktuelle als auch die perspektivische Bedeutung des Themas erfordern es, dabei auch wirtschaftliche Aspekte zu betrachten.

8.1 THG-neutrale Industrieproduktion

Ohne finanzielle Unterstützung und/oder eine angemessene CO_2-Bepreisung werden CCU und CCS das erforderliche Momentum nicht erreichen können. Oft wird in diesem Kontext CCU als Möglichkeit genannt, die CO_2-Abscheidung ökonomisch attraktiver zu gestalten, indem CO_2 als Rohstoff genutzt wird (siehe Kapitel 7). Das Potsdam-Institut für Klimafolgenforschung errechnete im Auftrag des Deutschen Vereins des Gas- und Wasserfaches e. V. (DVGW), dass die Herstellung von Methan aus Wasserstoff und seine Einspeisung ins System CO_2-Preise von bis zu 90 Euro pro Tonne erfordern. Die Wirksamkeit von CCU als kosteneffiziente Klimaschutzoption hängt allerdings wesentlich von den Bemessungsgrundlagen ab. Schätzungen darüber, wie groß der Klimaschutzbeitrag durch die Herstellung speziell langlebiger Erzeugnisse mittels chemischer Nutzung von CO_2 sein kann, legen Werte im niedrigen Prozentbereich nahe.[139,140]

Im Hinblick auf die ökonomische Relevanz von CCU als Klimaschutzmaßnahme gilt es gleichwohl, verschiedene Optionen langfristig auf Basis ihrer Vermeidungskosten miteinander zu vergleichen. Dabei ist zu berücksichtigen, was durch die jeweilige Technologie im Einzelnen substituiert wird. Um die verschiedenen CCU-Optionen in entsprechende Modelle integrieren und ökonomisch bewerten zu können, werden hinreichend detaillierte Potenzialabschätzungen benötigt. Diese erlauben eine genauere Untersuchung der möglichen Rolle von CCU in der Industrie für den Klimaschutz, selbst wenn der Beitrag nach derzeitigem Kenntnisstand auch mittelfristig noch gering sein wird.[141] Die CO_2-Vermeidungskosten durch CCU- und CCS-Maßnahmen im Industriesektor hängen von einer Vielzahl von Faktoren ab, etwa der Art der CO_2-Abscheidung, der Reinheit des CO_2-Gases, der vorgesehenen Transportinfrastruktur, der Entwicklung der Energiekosten und der Art der Nutzung des CO_2 im Falle von CCU beziehungsweise der verfügbaren Speicheroptionen bei CCS. Entsprechend vage sind Kostenschätzungen, sofern sie nicht auf Erfahrungen aus konkreten Anwendungsfällen beruhen.[142]

Hinsichtlich zunehmend schärferer Klimaschutzziele und damit verbundener Kosten kann der wirtschaftliche Einsatz von CCU und CCS eine Abwanderung von Produktionsstätten verhindern und mit vertretbaren Kosten Arbeitsplätze und das derzeitige Wohlstandsniveau sichern helfen. Denkbar ist darüber hinaus, dass der Zugang zu einer geeigneten CCU-/CCS-Infrastruktur einschließlich einer entsprechend hohen Verfügbarkeit erneuerbar erzeugter elektrischer Energie vor Ort zum Ausbau eines Produktionsstandorts führen kann, weil eine konkrete Lösung zur CO_2-Neutralität energieintensiver Industrien bereitsteht.[143] Industriezweige, die Teil eines CCU-/CCS-Systems sind, produzieren emissionsneutrale Produkte, die in einer umwelt- und klimabewussten Gesellschaft einen immer größeren Stellenwert einnehmen. Dies gilt sowohl für Grundstoffe als auch für Endprodukte, sofern das verarbeitende Gewerbe ebenfalls THG-neutral produziert. Industrien können sich auf diese Weise

---

135 | Vgl. Rogelj et al. 2015.
136 | Vgl. Luderer et al. 2013.
137 | Vgl. Fuss et al. 2014.
138 | Vgl. EASAC 2018.
139 | Vgl. Mac Dowell et al. 2017.
140 | Vgl. Bazzanella/Krämer 2017.
141 | Vgl. Mac Dowell et al. 2017.
142 | Vgl. Irlam 2017, McKinsey & Company 2018, EASAC 2018.
143 | Vgl. Port of Rotterdam 2017.

einen Wettbewerbs- und Standortvorteil gegenüber emissionslastigen Produktionen in anderen Ländern schaffen. Auch der Export von CO_2-Abscheidetechnologien kann die Wirtschaftlichkeit von CCU und CCS verbessern; Transport- und Speicherunternehmen können an einer stetigen Zulieferung von Prozessemissionen verdienen.

8.2 Die wichtige Rolle eines Marktbereiters für CCS

Eine unzureichende gesellschaftspolitische und finanzielle Unterstützung ist neben der prohibitiven Rechtslage mitverantwortlich dafür, dass es in Deutschland in den letzten Jahren kaum Fortschritte in der Entwicklung von CCS-Maßnahmen gegeben hat.[144] Hingegen wurden in den USA mithilfe einer existierenden Transportinfrastruktur und Steueranreizen zur CO_2-Speicherung, die Anfang 2018 von 20 US-Dollar auf 50 US-Dollar pro gespeicherte Tonne CO_2 angehoben wurden,[145] bereits mehrere CCS-Projekte im Industriemaßstab entwickelt.[146]

Um CCS im Falle eines gesellschaftspolitischen Konsenses als Element einer tiefgreifenden CO_2-Neutralität im Industriesektor einsetzen zu können, bedarf es geeigneter Rahmenbedingungen. Eine wesentliche Rolle bei der Entwicklung und Implementierung einer CCS-Infrastruktur können dabei Marktbereiter-Institutionen spielen (nachfolgend kurz Marktbereiter genannt). Marktbereiter sind zentrale Koordinierungs-, Finanzierungs- und Vermittlungsstellen. Sie setzen bei den vielen strukturellen und finanziellen Unzulänglichkeiten des Marktes an, die derzeit die Entwicklung eines CCS-Systems behindern. Durch einen koordinierten, kollektiven Ansatz senken Marktbereiter Risiken und Kosten aller involvierten Parteien und überwinden damit entscheidende Hürden in der Umsetzung von CCS-Projekten. In erster Linie sind sie für die Bildung einer CCS-Wertschöpfungskette relevant, können aber auch den Ausbau von CCU-Anwendungen fördern.

Der Marktbereiter sollte die Vorteile bestehender regionaler Industrie-Cluster und Infrastruktur-Hubs nutzen. Ein solcher Ansatz ermöglicht die gemeinsame Inanspruchnahme einer passgenauen Infrastruktur durch eine größtmögliche Anzahl von Teilnehmern. Einzelne Produktionsstätten oder Industriezweige müssen keine eigene kostspielige Infrastruktur erstellen. Durch den Skaleneffekt verringerte Kosten erleichtern auch kleineren Unternehmen den Einstieg in die CCU-/CCS-Wertschöpfungsketten.[147] Der Preis pro vermiedene Tonne CO_2 verringert sich für alle Akteure.

8.2.1 Gewissheit schaffen

Ein grundsätzliches Problem beim Aufbau einer Infrastruktur ist das Bestehen von Gegenparteirisiken zwischen einzelnen Segmenten der CCS-Prozessketten. Daher sind frühzeitige Investitionen von staatlicher oder privatwirtschaftlicher Seite riskant. Für die Industrie bedeutet dies, dass ein Unternehmen, das CO_2 in seinem Prozess abscheidet, keine Garantie hat, dass die notwendige Infrastruktur für Transport und Speicherung bedarfsgerecht bereitsteht. Entsprechend haben Unternehmen, die in die Bereiche Transport und Speicherung investieren, keine Garantie, dass die um die Abscheidung bemühten Emittenten CO_2 in gebotener Reinheit und Menge zum vorgesehenen Zeitpunkt liefern.

Marktbereiter agieren in erster Linie als Vermittler zwischen den beteiligten Akteuren. Sie sorgen für die erforderliche Koordination und Abstimmung zwischen den CO_2-Abscheidern auf der einen und den Betreibern der Transportinfrastruktur und der Lagerstätten auf der anderen Seite. Zentrale Aufgabe der Marktbereiter ist es, Infrastrukturprojekte zu planen, Finanzierungsmittel bereitzustellen sowie Verantwortung und Risiken zu übernehmen. Damit schaffen sie für jedes Segment der Prozesskette die erforderliche Gewissheit und Sicherheit.

Die Arbeit der Marktbereiter ist auch für die Zeitplanung von Investitionsentscheidungen von Bedeutung, denn die verschiedenen Segmente der CCS-Prozessketten sind in der Regel an unterschiedliche zeitliche Rahmen gebunden. Es gilt, einzelne Netzwerkkomponenten zu verbinden sowie Vorgaben und Fristen zur CO_2-Neutralität zu verfolgen. Durch diese Art von Risikominderung werden Investoren angezogen und auf jeder Ebene Anreize für Projektdurchführungen gesetzt.

Marktbereiter stellen zudem sicher, dass Transportkapazitäten angepasst beziehungsweise Engpässe vermieden werden und dass sich die Infrastruktur parallel zu den industriellen Ausbauplänen der energieintensiven Industrien erweitern lässt. Eine breit genutzte Infrastrukturlösung ermöglicht beträchtliche Kosteneinsparungen, da im Rahmen des Transports sowie der Abgabe beziehungsweise Speicherung von CO_2 mitunter bedeutende Skaleneffekte erzielt werden können.

---

144 | Vgl. jedoch Kapitel 6.3.
145 | Vgl. Eames/Lowman 2018.
146 | Elf großskalige CCS-Anlagen: vgl. GCCSI 2018.
147 | Ein Umstand, der beispielsweise zum Angebot lokal abgeschlossener Lieferketten für preiswertes CO_2 minderer Reinheit führen kann.

8.2.2 Schaffung von Marktbereiter-Institutionen

Zur Durchführung ihrer Aufgaben benötigen die Marktbereiter ein Mandat. Die nationalen und regionalen Regierungen sollten die gesetzlichen Regelungen für Marktbereiter so gestalten, dass die CO_2-Netzwerkentwicklung im Einklang mit dem Abkommen von Paris geplant und durchgeführt wird; gleichzeitig sollten die Schlüsselindustrien geschützt werden. Marktbereiter können sowohl in staatlicher als auch in privater Hand sein.

Im Wesentlichen ist ein Vertragsrahmen gefragt, der eine Basis für die Zuordnung der Marktrisiken und der Haftung zwischen öffentlichem und privatem Sektor schafft. Hierzu sind in Übereinstimmung mit den strategischen CO_2-Minderungszielen im Industriesektor auf nationaler und regionaler Ebene CO_2-Netzwerkkapazitäten bereitzustellen (siehe Abbildung 12). Je nach nationalen und regionalen Gegebenheiten sowie bestehenden rechtlichen Rahmenbedingungen und in Abhängigkeit von den Auflagen der jeweiligen Regulierungsbehörden können sie auf unterschiedliche Art und Weise eingesetzt und gesteuert werden. Marktbereiter können regional, national und auch innerhalb eines Projekt-Clusters unterschiedliche Strukturen aufweisen, beispielsweise bezüglich der Aufsichtsrolle des Staates, der Finanzierungsquellen oder des Akquisemechanismus von Projekten.

8.2.3 Finanzierung von Marktbereitern und CCS-Clustern

Wird CCS eingesetzt, so ist zu erwarten, dass ein Großteil des für CCS-Projekte verfügbaren CO_2 off-shore gespeichert wird (siehe Kapitel 5, 6 und 9). Generell machen Transport und Speicherung von CO_2 einen vergleichsweise geringen Anteil an den Gesamtkosten einer CO_2-Minderungsmaßnahme aus.[148] Die Kosten sind abhängig von Rahmenbedingungen wie der Entfernung zwischen CO_2-Punktquelle und -Speicherung, genutztem Transportmittel, Möglichkeiten der Wiederverwendung existierender Infrastruktur an Pipelines und Bohrlöchern sowie der Speicherkapazität und Injektionsrate. Frühere Abschätzungen haben einen Kostenrahmen ermittelt, der für eine Speicherung im On-shore-Bereich im niedrigen zweistelligen Eurobereich pro Tonne CO_2 liegt und für eine Speicherung im Off-shore-Bereich etwa das Doppelte beträgt.[149]

Für die Ausarbeitung von Entwicklungsplänen für CO_2-Transportnetze und -Speicher sind die Marktbereiter auf eine entsprechende Finanzierung angewiesen. Technische Studien, die Entwicklung von CO_2-Speichern und die Bereitstellung von Transportlösungen müssen finanziert werden. Hierfür könnten regionale und nationale Fördermittel, Beiträge der Industrie sowie Einnahmen aus dem EU-Emissionshandel in Anspruch genommen werden.

Auf EU-Ebene gibt es bereits eine Vielzahl von Förderprogrammen, die zur (Ko-)Finanzierung von CCS-Projekten infrage kommen. Allerdings sind diese Programme über verschiedene Einrichtungen der EU verteilt, und keines ist so konzipiert, dass die Bereitstellung einer CCS-Infrastruktur ohne eine zusätzliche Belastung der Gesellschaft auskommt.[150,151] Um eine solche Belastung gering zu halten, könnten die verschiedenen Akteure (Industrie, Zivilgesellschaft und Gewerkschaften) darauf hinwirken, Best-Practice-Beispiele auf regionaler Ebene umzusetzen.[152]

8.2.4 Geschäftsmodelle

Durch den Marktbereiter-Ansatz ergeben sich entlang der jeweiligen Verarbeitungskette zwei zeitlich aufeinanderfolgende Geschäftsmodellphasen: eine vorkommerzielle Phase und eine ausgereifte Phase mit etablierter Infrastruktur.

Kernaufgaben in der vorkommerziellen Phase sind die „Marktbeschaffung" und der Aufbau einer Transport- und Speicherstruktur. Diesbezüglich müssen in erster Linie die Geschäftsentwicklungskosten (Erforschung und Begutachtung von Speicherstätten) sowie Kapital- und Betriebskosten finanziert werden. CO_2-Abscheidekosten können sich je nach Industrieprozess und Technologie erheblich unterscheiden.[153] Durch Ausschreibungen beziehungsweise Auktionen können Kosten ermittelt sowie CO_2-Speicherungs- und Entgeltniveaus festgelegt werden. In den meisten Fällen werden Marktbereiter mit einer beträchtlichen

---

148 | Vgl. IPCC 2005.
149 | Vgl. Maas 2011.
150 | Vgl. Whiriskey/Helseth 2016.
151 | Vgl. i24c 2017.
152 | Regionen wie beispielsweise das hochindustrialisierte Nordrhein-Westfalen dürften ein großes Interesse an einer Infrastruktur haben, durch die ambitionierte Klimaziele erreicht werden können, ohne dass Wirtschaftskraft und Arbeitsplätze gefährdet werden. Solche Regionen wären die Hauptbegünstigten von CO_2-Marktbereitern.
153 | Kostenunterschiede existieren nicht nur in realen Werten, sondern auch relativ zum Wert des Produkts pro Tonne CO_2.

Potenzielle Betreiber ...	investieren in Machbarkeitsstudien	... sind angewiesen auf
von geologischen Speichern	zu CO$_2$-Einlagerungskonzepten	Unterstützung von Politik und Öffentlichkeit, CO$_2$-Anlieferung bzw. CO$_2$-Abnahme, niedrige Gegenparteirisiken, wirtschaftliches Marktmodell
von Transport-Infrastruktur	zu Streckennetzen	
von Industrieanlagen	zu CO$_2$-Abscheideanlagen	

Lösung: Regionale Koordinierungsstellen einrichten, um zu gewährleisten, dass jedes Segment der CCS-Prozesskette rechtzeitig und in strategischer Weise bereitgestellt wird.

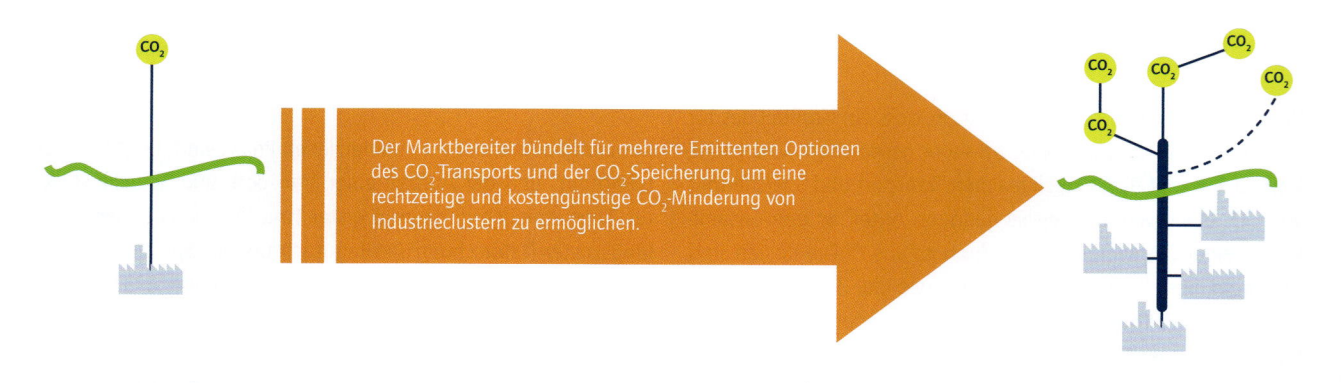

Der Marktbereiter bündelt für mehrere Emittenten Optionen des CO$_2$-Transports und der CO$_2$-Speicherung, um eine rechtzeitige und kostengünstige CO$_2$-Minderung von Industrieclustern zu ermöglichen.

Abbildung 12: Modell einer Marktbereiter-Institution – Ziele und Rolle (Quelle: eigene Darstellung in Anlehnung an Whiriskey/Helseth 2016)

Risikoübernahme durch den Staat etabliert werden müssen, die jedoch mittel- bis langfristig, zumindest teilweise, privatisiert oder sogar aufgelöst werden kann.

In der Phase eines etablierten Marktes wird der operative Betrieb durch private Unternehmen getragen. Einzelne Unternehmen haben in Bezug auf Geschäftsstrukturen, Risikoallokation sowie den potenziellen Ausbau von Infrastrukturen freie Hand. Der Staat nimmt sich weitgehend zurück, um mögliche Monopolstellungen entgegenzuwirken, und implementiert Mechanismen, die CCS zu einer tragfähigen Geschäftsidee machen. Dies kann beispielsweise von der Garantie eines hohen und robusten CO_2-Preises, einer Prämie für CO_2-arme Stromerzeugung beziehungsweise CO_2-arme Produkte oder Anreize zur CO_2-Speicherung flankiert sein.

Die Schaffung von CCU- und CCS-Prozessketten durch Marktbereiter birgt maßgebliche ökonomische Vorteile, sobald die jeweilige Infrastruktur geschaffen ist und Industrien mit der Gewissheit eines Abnehmers für ihre Emissionen CO_2 abscheiden können. Aus ökologischer Sicht steht an erster Stelle die Reduzierung der CO_2-Emissionen.

9 Wahrnehmung von CCU und CCS in der Öffentlichkeit

9.1 Die Sichtweise in der Öffentlichkeit

Das Konzept der CCU-Technologien wird in der Öffentlichkeit, sofern es dort überhaupt wahrgenommen wird, tendenziell positiv aufgenommen. Zweifel werden etwa bezüglich der technischen Machbarkeit sowie des langfristigen Nutzens für die Umwelt geäußert.[154] Studien, die bereits auf eine mögliche Produktwahrnehmung abzielen, kommen ebenfalls zu dem Schluss, dass die Beurteilung insgesamt positiv sei und Risiken grundsätzlich als gering eingeschätzt würden.[155] In Zusammenhang mit konkreten Erzeugnissen werden als Barrieren für die Umsetzung von CCU-Technologien unter anderem die Wahrnehmung von möglicherweise bedenklichen Gesundheitsaspekten („Perceived Health Complaints") und Entsorgungsoptionen benannt.[156] Eine negative Sicht auf CCU-Technologien ist in Dialogen gesellschaftlicher Akteure und in Medienberichten vor allem dann zu erkennen, wenn eine direkte Verbindung mit CCS hergestellt und folglich der Kontext von CCU geändert wird (siehe Kapitel 7).

Die Wahrnehmung von CCS-Technologien[157] stellt sich im Vergleich zu CCU-Verfahren deutlicher ausgeprägt und differenzierter dar. Von Wissenschaftsseite wird auf umfangreiche Erfahrungen im Umgang mit unterirdischen Ressourcen verwiesen und CCS grundsätzlich als risikoarme, kontrollierbare Technologie bewertet. Ablehnung herrscht dagegen bei zivilgesellschaftlichen Akteuren im Umweltbereich vor. Dafür gab es seit etwa 2007 im Wesentlichen zwei Gründe: Einerseits wurde behauptet, dass die CO_2-Speicherung mit nicht beherrschbaren Risiken einhergehe, was vielfach zu der kritischen Einschätzung führte, dass Risiken und Haftungsfragen unzureichend geklärt seien. Andererseits lag zum damaligen Zeitpunkt der Fokus der öffentlichen Diskussion auf der Anwendung von CCS im Bereich der Stromerzeugung aus fossilen Energieträgern, vornehmlich durch Kohlekraftwerke. Es bestand die Hoffnung, bei der Erzeugung von elektrischer Energie zügig eine THG-Neutralität ohne CCS erreichen zu können. Erwägungen, CCS für laufende Kraftwerke einzuführen, wären aufgrund von damit verbundenen Pfadabhängigkeiten (sogenannten Lock-in-Effekten) voraussichtlich wieder Auslöser massiver Akzeptanzprobleme und Protesthaltungen. Dies würde in gleicher Weise für den Neubau stromerzeugender Kraftwerke gelten, die mit fossilen Brennstoffen betrieben werden und die CCS-Option beinhalten. Zum gegenwärtigen Zeitpunkt wird die Anwendung von CCS für fossile Kraftwerke von zivilgesellschaftlichen Akteuren abgelehnt.

9.2 Untersuchungen zu Aspekten der Wahrnehmung

Bislang sind Wahrnehmungsaspekte speziell zu CCU-Technologien wissenschaftlich nur vereinzelt untersucht worden.[158,159] Eine erste quantitative Analyse wurde kürzlich in Großbritannien veröffentlicht.[160] Den vorliegenden Studien zufolge sind Technologien zur Nutzung von CO_2 weitgehend unbekannt, ein breiter öffentlicher Diskurs hat mangels Wahrnehmung – und vermutlich auch mangels relevanter Berührungspunkte mit Gesetzgebungs- oder Genehmigungsverfahren – bisher nicht stattgefunden. Demnach erscheinen CCU-Technologien, die ohnehin oft eher technische Prozessveränderungen darstellen, für ihre Implementierung aus heutiger Sicht weniger auf einen positiven Verlauf öffentlicher Debatten angewiesen zu sein als andere CO_2-Vermeidungstechnologien. Wichtige Wahrnehmungs- und Akzeptanzfaktoren in Deutschland zu CCS sind in mehreren Studien mit Blick auf Kraftwerkstechnologien erforscht worden. Die Akzeptanz von CCS ist im Wesentlichen von der subjektiven Wahrnehmung des individuellen und gesellschaftlichen Nutzens der Technologien, den ihr zugeschriebenen Risiken und dem Vertrauen in die relevanten Akteure abhängig.[161] CCS-Technologien werden als risikobehaftet wahrgenommen, allerdings mit regional unterschiedlichem Ausmaß der Verfestigung.[162] Nicht die CO_2-Abscheidung, sondern der Transport und die Speicherung von

---

154 | Vgl. Jones et al. 2015, 2016.
155 | Vgl. Arning et al. 2017, van Heek et al. 2017a, 2017b.
156 | Vgl. Van Heek et al. 2017b.
157 | Vgl. beispielsweise Seigo et al. 2014.
158 | Vgl. Jones et al. 2014, 2015.
159 | Vgl. Jones et al. 2016, Olfe-Kräutlein et al. 2016, van Heek et al. 2017a, 2017b.
160 | Vgl. Perdan et al. 2017.
161 | Vgl. Pietzner/Schumann 2012, Scheer et al. 2014.
162 | Vgl. Schumann 2014.

CO_2 wurden von Teilen der Bevölkerung vornehmlich als kritisch und risikoreich eingeschätzt. Gründe hierfür sind beispielsweise die als unbeherrschbar betrachteten Risiken, die mit einer langfristigen, unterirdischen CO_2-Speicherung verbunden werden. Zum Teil kommen Assoziationen mit der Endlagerung bei der Kernenergie zum Ausdruck. Es gibt allerdings Anzeichen, dass die Technologiebewertung positiver ausfällt, wenn das CO_2 aus energieintensiven Industrieprozessen oder Biomassekraftwerken stammt.[163] Im Kontext industrieller Prozesse liegt das nicht zuletzt auch an den deutlich geringeren CO_2-Mengen im Verhältnis zu einem großmaßstäblichen Einsatz von CCS in Kohlekraftwerken.

Vor diesem Hintergrund ist es derzeit unsicher, ob die CCS-Technologie von der breiten Öffentlichkeit und relevanten gesellschaftlichen Akteuren eine hinreichende Akzeptanz erfahren wird, sofern sich ausschließlich die Quelle des CO_2 verändert. Es gilt noch herauszufinden, ob sich eine neue öffentliche Diskussion der „alten" CCS-Vorbehalte entledigen kann und dabei sowohl objektive Fakten als auch subjektiv wahrgenommene Ängste und Meinungen ausreichend berücksichtigt werden. Aus den in Deutschland und Europa gemachten Erfahrungen im Zusammenhang mit Plänen zur Speicherung von CO_2 aus Kohlekraftwerken lassen sich wichtige Anhaltspunkte für Wahrnehmungsfaktoren in der Gesellschaft ableiten und in Bezug auf die Relevanz für CCS-Anwendungen im Industriesektor sondieren.

Bekannt ist, dass die öffentliche Wahrnehmung von bestimmten Rahmensetzungen geprägt ist,[164,165] bei denen politische Ereignisse oder Themen subjektiv in einen sozial, ökonomisch oder kulturell interpretierten Deutungsrahmen gefasst werden. Dabei wird ein Thema selektiv aus einem bestimmten Blickwinkel akzentuiert. Bei der Debatte um CCS in Deutschland lassen sich zwei solche Blickwinkel[166] unterscheiden: erstens, dass CCS als Teillösung für den Klimawandel und gleichzeitig als Langzeitlösung für die Nutzung von fossilen Energieträgern eingeführt wird, und zweitens, dass CCS eine Risikotechnologie für wohlhabende Länder ist und für die herkömmliche Kraftwerksindustrie mit der Absicht eingesetzt wird, den notwendigen Übergang zum THG-neutralen Zeitalter zu verzögern. Damit rekurrierte die Debatte bei den Deutungsmustern wesentlich auf die Herkunft der CO_2-Emissionen aus Kraftwerken mit Nutzung fossiler Energieträger.

Mit einer neu geführten Debatte ergibt sich grundsätzlich die Möglichkeit, den engen Nexus zwischen CO_2-Speicherung und herkömmlichen Kraftwerken zu verlassen. CO_2-Emissionen aus Industrieprozessen sind weitaus weniger stigmatisiert als Emissionen aus Kohlekraftwerken – selbst wenn den Industriezweigen (Chemie, Eisen und Stahl, Zement etc.) nicht das Image als ökologische Vorreiter anhaftet. Dadurch ist für die Prägung von Deutungsrahmen eher auf ökonomische Attribute wie Wettbewerbsfähigkeit, Erfordernisse durch die Globalisierung, Beschäftigung und Einkommen abzuzielen. Auch wenn es für das objektive Risikoprofil bei Transport und Speicherung keinen Unterschied macht, ob das CO_2 aus fossil betriebenen Kraftwerken oder Industrieprozessen stammt, so ist dies für die subjektive Risikowahrnehmung von Menschen doch der Fall.[167] Bei CCS-Einsätzen im Industriesektor ist offen, ob dieser Umstand in eine Akzeptanz für diese Technologie münden wird.

Die Debatte um CCS und Kohlekraftwerke war und ist zudem geprägt von der Wahrnehmung reichlich vorhandener technischer Alternativen für die Strombereitstellung. Eine Vielzahl von erneuerbaren Energien auf Basis von Wind, Sonne und Biomasse steht zur Verfügung. Im Bereich der energieintensiven Industrien sind geeignete Technikalternativen nicht in diesem Umfang vorhanden. Das Mobilisierungspotenzial gegen die Produktion von Stahl, Zement, Papier, Keramiken oder Aluminium könnte daher im Verhältnis zur Kohleverstromung deutlich niedriger sein oder nicht bestehen.

Überdies gilt es auch, Aspekte der Verteilungsgerechtigkeit zu bedenken, die sich bei früheren Debatten um CCS ergeben haben. Vielfach bestand der Eindruck, dass der weniger dicht besiedelte Norden und Osten Deutschlands für die CO_2-Speicherung aufkommen müsse, während die maßgeblichen CO_2-Emittenten vornehmlich im bevölkerungsreicheren Süden und Westen angesiedelt sind (siehe Abbildung 5). Nutzen und empfundene Risiken fielen damit geografisch deutlich auseinander. Anders könnte sich die Wahrnehmung über Gerechtigkeit und Betroffenheit gestalten, wenn transnationale oder europäische Speicherstrukturen in der Nordsee mittels Schiffverkehr erschlossen und genutzt würden. In diesem Fall könnten Standorte in Norddeutschland durch die Einbindung von Service-Industrien sogar ökonomisch profitieren. Von Teilen der NGOs und der Bevölkerung werden schließlich Zweifel geäußert, ob CO_2 dauerhaft, sicher und ohne schleichende Schäden für Mensch und Umwelt in

---

163 | Vgl. Dütschke et al. 2016.
164 | Vgl. Goffmann 1974.
165 | Vgl. Kahnemann/Tversky 1984.
166 | Vgl. Scheer et al. 2017.
167 | Vgl. Dütschke et al. 2015.

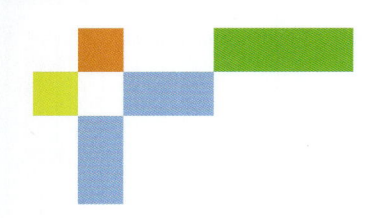

unterirdischen Schichten eingelagert werden kann. Verantwortlich hierfür sind wohl auch gelegentlich geäußerte unterschiedliche Positionen aus der Wissenschaft zu Sicherheit und Aufnahmevermögen von Speicherlagerstätten. Obwohl mit dem norwegischen Sleipner-Projekt inzwischen zwanzig Jahre wissenschaftlich abgesicherte positive Erfahrungen gemacht wurden[168] und obwohl viele Geowissenschaftlerinnen und -wissenschaftler begründen, warum eine dauerhafte Speicherung von CO_2 im Untergrund machbar und sicher ist, ließen sich die meisten Umweltverbände und Teile der Bevölkerung bislang nicht überzeugen. Andererseits rief das in Ketzin (Brandenburg) betriebene Pilotprojekt zur unterirdischen Speicherung von CO_2, das die Beherrschbarkeit der CCS-Technologie zeigen konnte, keine Widerstände seitens der Bevölkerung hervor.[169]

Ein anderer Aspekt der regionalen Betroffenheit berührt das Errichten von CO_2-Abscheideanlagen und einer CO_2-Infrastruktur. Standorte von CO_2-Emittenten müssten eine Abscheideanlage auf ihrem Gelände integrieren und einen geeigneten (Ab-)Transport des CO_2 sicherstellen. Dabei gilt zu klären, ob die räumlichen Voraussetzungen dafür gegeben sind, falls ja, welche Ausmaße Nachrüstung und Aufbau einer Infrastruktur umfassen und inwieweit Anwohner von betrieblichen und überbetrieblichen Maßnahmen betroffen wären.

Insgesamt steht aber die Frage im Vordergrund, ob die Vorbehalte gegenüber CCS ausgeräumt werden können, wenn der Einsatz ausschließlich für den energieintensiven Industriesektor erfolgt und andere Möglichkeiten inklusive CCU-Maßnahmen für diesen Sektor ausgeschöpft sind. Für diesen Fall resultiert eine Beschränkung auf den Industriesektor im Vergleich zu einem großmaßstäblichen Einsatz von CCS im Kohlekraftwerkssektor in deutlich geringeren CO_2-Mengen, die geologisch zu speichern wären. Zudem steht ein CCS-Einsatz im energieintensiven Industriesektor den Zielen der Energiewende und des Klimaschutzes nicht entgegen, sondern reiht sich in die verschiedenen Gestaltungsoptionen und Szenarien für die Energiewende ein. Da für die Herstellung von Anlagen zur Gewinnung regenerativer Energie Komponenten aus den energieintensiven Industrien benötigt werden (etwa Leichtmetalle für Photovoltaik-Anlagen, Eisen-/Stahlerzeugnisse und Betonfundamente für Windkraftanlagen), stellt der Erhalt dieser Industrien für ein auf Nachhaltigkeit ausgerichtetes Land wie Deutschland ein wichtiges Element der Zukunftsvorsorge dar.

9.3 Auswirkungen auf die Akzeptanz

Wer CCU und CCS für die Reduzierung maßgeblicher Mengen von CO_2 einsetzen will, muss umfassend über die Implikationen beider Verfahren informieren, frühzeitig und ernsthaft die Betroffenen und die Umweltverbände einbeziehen und sowohl durch transparente Überprüfung vorgebrachter kritischer Argumente als auch durch eine aktive und offengelegte Strategie der Risikominimierung eines Einsatzes der geplanten Technologien Akzeptanz fördern.[170] Werden CCU oder CCS als Technologien des „Weiter so" wahrgenommen und dadurch die Notwendigkeit eines technologischen und gesellschaftlichen Wandels als Antwort auf die Herausforderungen des Klimawandels nicht gesehen, unterminiert dies die Akzeptanz beider Verfahren. Grundsätzlich sollten betroffene Unternehmen und Branchen, die Strategien zur THG-Neutralität unter Einsatz von CCU und CCS befürworten und vorantreiben, im Sinne des Klimaschutzes überzeugend handeln.

Da die Erzeugung von CCU-Produkten in vielen Fällen einen Einsatz großer Mengen elektrischer Energie erfordert, wird nur dann ein wirksamer Klimaschutzbeitrag geleistet, wenn die Erzeugnisse überwiegend oder vollständig mit Strom aus regenerativen Quellen hergestellt werden. Eine CCU-Strategie muss daher mit einer darauf abgestimmten Ausbaustrategie für erneuerbare Energien einhergehen. Zudem kann CCU im Zusammenhang mit Recycling und einer Verlängerung der Produktlebens- beziehungsweise Produktnutzungsdauer zum Einsatz kommen, um CO_2 für lange Zeiträume in den Erzeugnissen zu binden. Der derzeit vielfach angeführte CCU-Pfad zur Herstellung von Treibstoffen wäre mit einer schnellen Freisetzung von CO_2 in die Atmosphäre verbunden. Hier kann zwar CO_2 eingespart werden, indem Kohlenstoff „zweimal genutzt" wird; um vollständige THG-Neutralität zu erreichen, müsste dieses CO_2 aber zuvor aus der Luft abgeschieden oder Biomasse als Kohlenstoffquelle eingesetzt werden. Die Entnahme von CO_2 aus der Luft wird in der zweiten Jahrhunderthälfte perspektivisch auch in Verbindung mit CCS eine Rolle spielen, um „negative Emissionen" zu erzeugen und damit unvermeidbare Emissionen zum Beispiel aus der Landwirtschaft zu kompensieren.[171] Die Verwendung großer Biomassemengen kann zu Konflikten mit alternativer Nutzung (Ernährung) und Naturschutz (Erhaltung von Biodiversität) führen.

CCS-Maßnahmen können als Elemente einer Strategie zum Erreichen von THG-Neutralität nur dann umgesetzt werden, wenn große Teile der Zivilgesellschaft, der Industrie, der Politik, der

---

168 | Vgl. IEA 2016.
169 | Vgl. CGS 2018.
170 | Vgl. Braun et al. 2017.
171 | Vgl. EASAC 2018.

Verbände und der Wissenschaft den Einsatz dieser Technologie unterstützen. Neben technologischen, ökonomischen, geologischen und politisch-rechtlichen Anforderungen sind eine befürwortende Wahrnehmung und Akzeptanz unter Bürgerinnen und Bürgern wichtige Voraussetzungen. Eine grundsätzliche Zustimmung von dieser Seite ist die Basis dafür, dass eine Gestaltung der rechtlichen und ökonomischen Rahmenbedingungen gelingen kann. Um eine Bereitschaft für den Einsatz von CCS zu erreichen, sollte sich eine CO_2-Speicherung im tiefen Untergrund demnach auf anderweitig nicht vermeidbare CO_2-Emissionen aus dem Industriesektor oder auf CO_2 aus direkter Entnahme aus der Atmosphäre (Direct Air Capture with Carbon Sequestration, DACCS) beziehen. Das Bewusstsein für die Notwendigkeit einer Verminderung industrieller Prozessemissionen und für die entsprechenden Wege ist in der breiten Öffentlichkeit indes noch gering. Gerade für den Einsatz von CCS gilt es daher zu zeigen, dass erstens das Transformationspotenzial der betroffenen Branchen zur Verminderung beziehungsweise Beseitigung ihrer Prozessemissionen mit Bestimmtheit ausgenutzt und zweitens geprüft wird, ob sich die Emissionen nicht durch den Übergang zu neuen Materialien und Technologien deutlich reduzieren lassen. Nur wenn dieser Nachweis gelingt, wird sich in der Gesellschaft eine Bereitschaft für in diesem Kontext notwendige CCS-Maßnahmen erreichen lassen.

Hierzu empfiehlt es sich, vorab umfassende Informationen bereitzustellen und Diskussionen unter Beteiligung einer breiten Öffentlichkeit zu führen.[172] Vielen Bürgerinnen und Bürgern dürften beispielsweise die strengen sicherheits- und umweltbezogenen Auflagen, die einer Genehmigung von CCS-Vorhaben zugrunde gelegt werden, unbekannt sein. Zu bedenken ist allerdings auch, dass ungeachtet des bestmöglichen Klimaschutzbeitrags die Akzeptanz für Großanlagen beziehungsweise großskalige Infrastrukturprojekte vielfach als eher gering erscheint. Förderlich für die Akzeptanz von CCS-Maßnahmen ist es wiederum, wenn es sich zum einen bei den so zu entsorgenden CO_2-Mengen um Restmengen nach Ausschöpfen der anderen Potenziale zur THG-Minderung handelt und zum anderen die Maßnahmen in der langfristigen Perspektive zeitlich begrenzt eingesetzt werden (Aspekt der Brückentechnologie). Da eine Reduzierung von THG-Emissionen aus Klimaschutzgründen geboten ist, ist aber letztlich denkbar, dass bei CCS-Lösungen für energieintensive Industrien mit Verständnis in der Öffentlichkeit gerechnet werden kann. Auf diese Weise könnte CCS bereits einen Beitrag zum Klimaschutz leisten, solange die Entwicklung und Markteinführung neuer Verfahren zur THG-Minderung noch andauern.

---

172 | Vgl. auch Grünwald 2008.

Ausblick

10 Handlungsoptionen und Empfehlungen

Deutschland hat das Ziel, seine THG-Emissionen bis 2050 um 80 bis 95 Prozent zu vermindern. Mit dem Abkommen von Paris orientiert sich die deutsche Klimapolitik am Leitbild einer bis 2050 weitgehenden THG-Neutralität. Für das Jahr 2030 hat die Bundesregierung ein Emissionsminderungsziel im Industriesektor von circa 50 Prozent gegenüber 1990 definiert. Die über dieses Zwischenziel hinausgehenden Verringerungen von THG-Emissionen sind technisch höchst anspruchsvoll und bedürfen frühzeitiger Planungen und Investitionen: Die Technologien müssen zur Marktreife entwickelt und notwendige Infrastrukturen aufgebaut werden.

- Um die anspruchsvollen Klimaschutzziele erreichen zu können, gilt es, in der jetzigen Legislaturperiode die im Koalitionsvertrag genannten Strategien zur Dekarbonisierung der Industrie (im Sinne einer THG-Neutralität) zu entwickeln und Wege zu finden, die zugleich die Innovations-, Leistungs- und Wettbewerbsfähigkeit des Industriestandorts Deutschland gewährleisten.
- Neben der weiteren Effizienzsteigerung, der zunehmenden Elektrifizierung von Industrieprozessen, Energie-, Prozess- und Materialsubstitutionen, der gezielten Förderung von innovativen Reduktionstechnologien sowie dem Einsatz von Verfahren zur stofflichen Verwertung von CO_2 (Carbon Capture and Utilization, CCU) im Sinne einer Kreislaufwirtschaft sollte eine Strategie zur THG-Neutralität der Industrie auch die geologische Speicherung von anderweitig nicht vermeidbaren CO_2-Prozessemissionen (Carbon Capture and Storage, CCS) in Betracht ziehen.
- Zwar kann die stoffliche Verwertung von CO_2 einen Beitrag zur THG-Neutralität liefern. In der Gesamtbilanz kann CCU aber nur dann einen substanziellen Beitrag zum Klimaschutz leisten, wenn sehr große Mengen kostengünstiger regenerativer Energien zur Verfügung stehen. Wann dies der Fall sein wird, ist derzeit schwer abschätzbar. Hierdurch steigt der Handlungsbedarf, bis zur Jahrhundertmitte andere Lösungen umzusetzen.
- Ist das Transformationspotenzial der betroffenen industriellen Branchen zur Verminderung beziehungsweise Beseitigung ihrer Prozessemissionen mit Bestimmtheit ausgenutzt und wurde außerdem geprüft, ob sich die Emissionen nicht durch den Übergang zu neuen Materialien und Technologien weiter reduzieren lassen, ist die Option der geologischen Speicherung von CO_2 in Betracht zu ziehen. CO_2 kann in beträchtlichen Mengen sowohl land- als auch seeseitig (on- beziehungsweise off-shore) im tiefen Untergrund gespeichert und bei Bedarf wieder rückgefördert werden.
- Bei Vorlaufzeiten von mindestens zehn Jahren bis zu einem breiten Einsatz von CCU und CCS müssen die Möglichkeiten beider Technologien und kostengünstige Synergien (beispielsweise die Nutzung einer gemeinsamen Transportinfrastruktur) in der aktuellen Legislaturperiode geprüft und bewertet werden. Andernfalls werden CCU und CCS nicht rechtzeitig im erforderlichen Umfang zur Verfügung stehen.
- Der Aufbau einer CCS-Infrastruktur, die für den CO_2-Transport auch CCU-Vorhaben zur Verfügung stünde, könnte durch die Schaffung von Marktbereiter-Institutionen koordiniert und umgesetzt werden. Als zentrale Vermittlungsstellen würden Marktbereiter die Abstimmung zwischen Abscheidungs-, Transport- und Speicherungsprojekten ermöglichen und bestehende ökonomische Risiken reduzieren. Durch Umsetzung eines Cluster-Ansatzes kann ein kostensenkender Skaleneffekt entstehen.
- CCS-Maßnahmen können als Elemente einer Strategie zum Erreichen von THG-Neutralität nur dann umgesetzt werden, wenn große Teile der Zivilgesellschaft, der Industrie, der Politik, der Verbände und der Wissenschaft den Einsatz dieser Technologie unterstützen. Neben technologischen, ökonomischen, geologischen und politisch-rechtlichen Anforderungen sind eine grundsätzliche Befürwortung und Akzeptanz unter Bürgerinnen und Bürgern wichtige Voraussetzungen.

Angesichts der anspruchsvollen Verpflichtungen aus dem Klimaabkommen von Paris erscheint es dringend geboten, in der laufenden Legislaturperiode die Chancen, Risiken und Grenzen des Einsatzes von CCU und CCS im Rahmen einer umfassenden Strategie zur THG-Neutralität zu prüfen und daraus resultierende Handlungsoptionen zeitnah mit allen gesellschaftlichen Akteuren zu beraten.

11 Fazit und Ausblick

Das Klimaschutzabkommen von Paris kam aufgrund einer Vielzahl wissenschaftlicher Erkenntnisse über die Ursachen des Klimawandels zustande. Die Bundesregierung hat sich in dem Abkommen von 2015 verpflichtet, die THG-Emissionen Deutschlands erheblich zu verringern. Ausgangspunkt dieser Stellungnahme ist die Einschätzung, dass trotz der bisher umgesetzten Maßnahmen und der bereits erreichten beachtlichen Erfolge bei der Verminderung von THG-Emissionen die angestrebten Ziele kaum erfüllt werden können.

Neben dem Sektor der Energiewirtschaft als größter Quelle der THG-Emissionen werden in Deutschland erhebliche Mengen an klimawirksamen Gasen im Industriesektor freigesetzt. Im Klimaschutzplan 2050 hat die Bundesregierung erstmals ein Sektorziel für die Industrie festgelegt. Hinsichtlich der Entwicklung von Strategien zum Erreichen einer THG-Neutralität kommt daher auch dem Industriebereich eine hohe Bedeutung zu. Nach jetzigem Kenntnisstand ist absehbar, dass eine konsequente Reduktion des Energieverbrauchs in allen Branchen sowie die Umstellung auf erneuerbare elektrische Energie nicht ausreichen werden, um die vereinbarten Ziele zu erreichen.

Die weitere Verringerung der Emissionen im Industriebereich ist technisch höchst anspruchsvoll. Alle für die Minderung von THG-Emissionen infrage kommenden Optionen sind grundsätzlich in Erwägung zu ziehen. Im Wesentlichen lassen sich unterscheiden:

- Vermeidung – durch höhere Effizienz, zunehmende Elektrifizierung sowie Energie-, Prozess- und Materialsubstitution;
- Verwertung – durch Verlängern stofflicher Nutzung, im Fall von CO_2 also Carbon Capture and Utilization (CCU);
- dauerhafte geologische Speicherung der restlichen CO_2-Mengen durch Carbon Capture and Storage (CCS); eingelagertes CO_2 kann im Bedarfsfall als Rohstoff rückgefördert werden.

Die verschiedenen Optionen sind in dieser Priorisierung vorzusehen. Dabei sind geeignete Verfahren und deren Potenziale in Betracht zu ziehen und sowohl Chancen, Risiken und Grenzen der Umsetzung als auch rechtliche und gesellschaftliche Aspekte zu bewerten.

Die hier näher betrachteten Optionen CCU und CCS werden häufig in einem Atemzug genannt und ihnen damit vergleichbare Absichten und Wirkungen zugesprochen – dies ist jedoch nicht der Fall. CCU-Maßnahmen sind in Deutschland ein Element der Energiewende, deren Fokus sich auf den zunehmenden Verzicht auf kohlenstoffhaltige fossile Energieträger und eine dominierende Rolle von Windkraft und Photovoltaik bei der Stromerzeugung richtet. Maßgebliche Industrien in Deutschland sind aber weiterhin in vielfältiger Weise auf Kohlenstoff angewiesen. CO_2 ist daher grundsätzlich neben Biomasse eine alternative Kohlenstoffquelle, auch wenn die Verwertung von CO_2 meist mit hohem energetischem Aufwand verbunden ist. Somit können CCU-Technologien zu einer Transformation der Energiesysteme in Richtung erneuerbarer Quellen beitragen. Öffentliche Debatten über die im Einzelfall sehr unterschiedlichen CCU-Anwendungen haben bisher kaum stattgefunden. Nach jetzigem Kenntnisstand lässt sich nicht sagen, wann die benötigten sehr großen Mengen kostengünstiger regenerativ erzeugter elektrischer Energie zur Verfügung stehen werden, damit durch CCU ein maßgeblicher Beitrag zu den Klimaschutzzielen von Paris geleistet werden kann.[173] Als Element der Energiewende können CCU-Technologien in Strategien zur Rohstoffsicherheit, Ressourceneffizienz und zirkulären Wirtschaft integriert werden.

Die CCS-Technologie ist andernorts großmaßstäblich erprobt, in Deutschland in dem Pilotvorhaben Ketzin. Sie bietet die Möglichkeit, vergleichsweise große Mengen CO_2 im geologischen Untergrund zu lagern und damit nachhaltig der Atmosphäre zu entziehen. Einen Beitrag zur Transformation der Energiesysteme leistet sie indes nicht. Die Akzeptanz von CCS ist insbesondere aufgrund früherer Diskussionen zum Einsatz von CCS im Kohlekraftwerkssektor schwach ausgeprägt. Klar ist, dass CCS-Maßnahmen als Elemente einer Strategie zum Erreichen der THG-Neutralität nur umgesetzt werden können, wenn große Teile von Zivilgesellschaft, Industrie, Politik, Verbänden und Wissenschaft ihren Einsatz unterstützen. Dies ist beispielsweise für Branchen zu erwarten, die nach Ausschöpfen aller sonstigen Optionen keine Möglichkeiten haben, ihren CO_2-Ausstoß weiter zu verringern. Für den möglichen Einsatz von CCS sollte daher geklärt werden, ob und, wenn ja, für welche Emittenten der Industrie die Technologie prioritär zur Verfügung stehen soll, für welchen Zeitraum (Brückentechnologie), wer die Infrastruktur für Transport und Speicherung von CO_2 bereitstellt, wie dies bei Gewährleistung höchster Sicherheitsstandards ökonomisch und ökologisch zu erreichen ist, an welchen Standorten und in welchen Regionen dies vorzugsweise geschehen soll und wer die Kosten hierfür trägt. Forschungsbedarf sowie Herausforderungen bestehen vor

---

173 | Vieles deutet darauf hin, dass die im EEG 2017 definierten Ausbaukorridore für erneuerbare Energien nicht ausreichen, um den zukünftigen Strombedarf durch CCU abzudecken (acatech/Leopoldina/Akademienunion 2017).

allem hinsichtlich der politischen und gesellschaftlichen Akzeptanz.

Deutsche Firmen tragen weltweit durch innovative Produkte und Systemlösungen zum Klimaschutz bei. Sie sichern und schaffen damit Wachstum und Arbeitsplätze im Maschinen- und Anlagenbau sowie in der Elektroindustrie, beispielsweise mit intelligenter Steuerungstechnik. Bestehende Wertschöpfungsketten und erfolgreiche Industriecluster sollten mit den erforderlichen Anpassungen erhalten werden, THG-Neutralität und industrielle Wettbewerbsfähigkeit gilt es miteinander in Einklang zu bringen. Auf dieser Grundlage sind die Regierungen von Bund und Ländern gefordert, Rahmenbedingungen zu schaffen, die Innovationen und Technologiewettbewerb fördern und insgesamt eine kosteneffiziente Emissionsminderung in der Industrie ermöglichen. Rechtliche Voraussetzungen und der gezielte Einsatz von Förderinstrumenten sind bedeutende Steuerungsparameter. Der frühzeitige Aufbau notwendiger Infrastrukturen kann das Vertrauen in den Fortbestand und den künftigen Erfolg industrieller Produktionslinien und -cluster erhöhen und dazu beitragen, die Vorbildfunktion des Technologiestandorts Deutschland zu erhalten.

Hierzu sind zeitnah Diskussionen unter Beteiligung einer breiten Öffentlichkeit zu führen. Nur dann können grundsätzlich geeignete Technologien rechtzeitig fortentwickelt, zur Marktreife gebracht und die nötige Infrastruktur geplant, genehmigt und errichtet werden – pragmatisch über Unternehmens- und Sektorgrenzen hinweg.[174] Auch Fragen bezüglich Geschäftsmodellen und Finanzierung der Infrastrukturen müssen schon bald beantwortet werden. Für ausgewählte Industriezweige (chemische Industrie, Eisen- und Stahlbranche, Zementindustrie) bietet es sich an, geeignete bereits bestehende Entwicklungsplattformen zu erweitern oder neue mit Vorreiterfunktion zu erstellen. Bisherige CCS-Projekte im Ausland waren insbesondere dann erfolgreich, wenn sie aufgrund des benötigten Know-hows enge Beziehungen zur Öl- und Gasindustrie aufwiesen. Insgesamt muss aber in der Gesellschaft eine Verständigung darüber erzielt

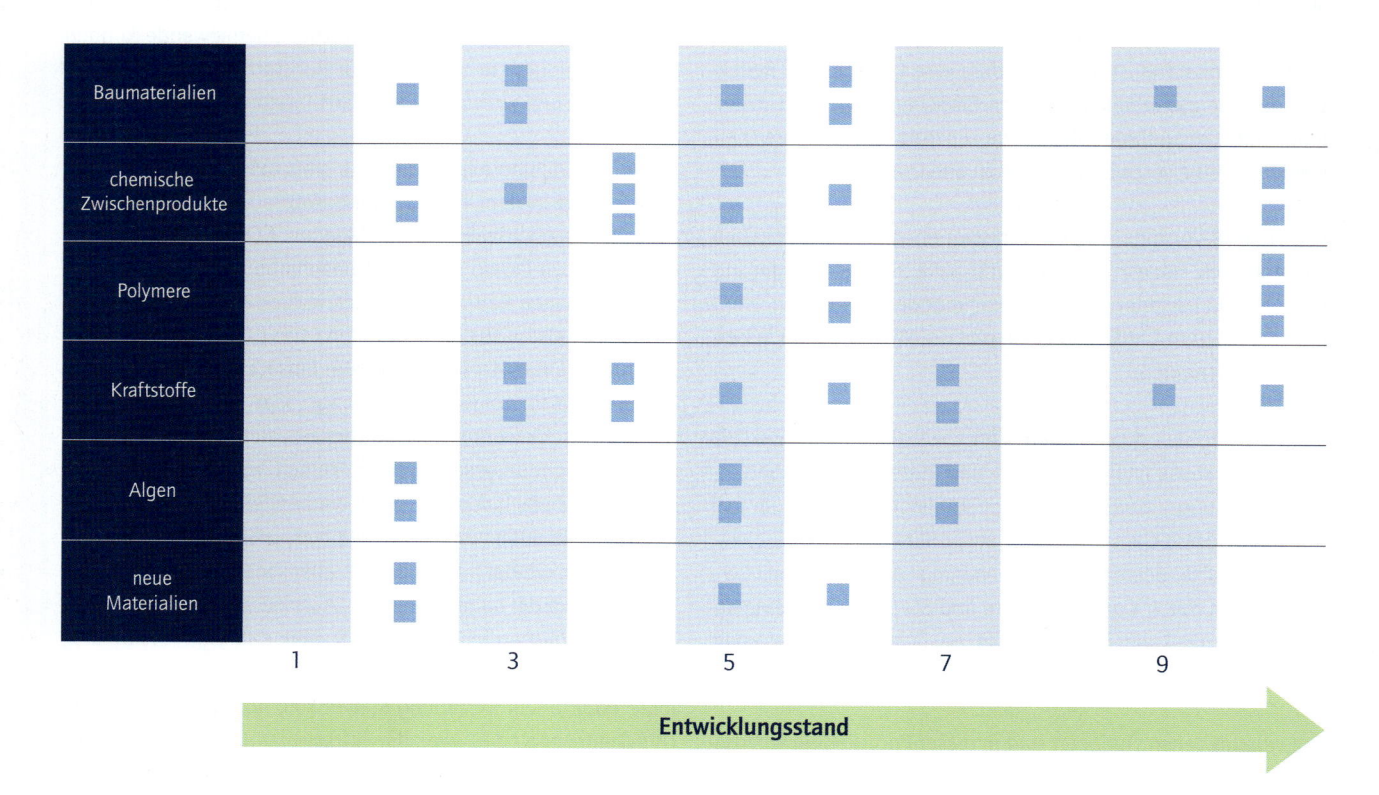

Abbildung 13: Technischer Entwicklungsstand verschiedener CCU-Erzeugnisse der links aufgeführten Produktgruppen; die Anzahl der Symbole pro Tabellenfeld steht für die Zahl einzelner Entwicklungen verschiedener Unternehmen mit ihrem derzeitigen Status – aufsteigender technischer Entwicklungsstand von 1 bis 10 (Quelle: verändert nach The Global CO_2 Initiative/GCI 2018).

---

[174] | Vgl. acatech/Leopoldina/Akademienunion 2017, Ausfelder et al. 2017.

werden, inwieweit CCU und CCS wichtige Elemente eines übergreifenden Pfades zur THG-Neutralität werden sollen.

Die CCU-Technologie birgt verschiedene Möglichkeiten, CO_2 dauerhaft zu binden, etwa in PVC-Erzeugnissen oder durch die CO_2-Mineralisierung zu einem Zuschlagstoff von Beton. Karbonfasern könnten in Zukunft in Verbundwerkstoffen als Ersatz für viele Stahl-, Aluminium- und Zementverwendungen genutzt werden.[175] Wird CO_2 aus der Atmosphäre entnommen – etwa pflanzlich, beispielsweise auf Algenbasis – und das energieintensive Cracking auf Basis regenerativer Energie durchgeführt, könnte dies ein Pfad für den Einstieg in eine CO_2-neutrale Kreislaufwirtschaft sein.

Anders als die bereits eingesetzte CCS-Technologie[176] befinden sich viele mögliche CCU-Anwendungen noch im Versuchs- oder Entwicklungsstadium (siehe Abbildung 13). Zu den Kosten und bindbaren CO_2-Mengen lassen sich derzeit keine verlässlichen Aussagen treffen. Die Power-to-Gas-Technologie ist hingegen technisch schon weit entwickelt. Allerdings kann sie kurz- bis mittelfristig nicht in großem Maßstab als Klimaschutztechnologie eingesetzt werden, da die erforderlichen Mengen emissionsfrei erzeugter elektrischer Energie nicht verfügbar sind. Wann Power-to-X einen substanziellen Beitrag zum Klimaschutz leisten kann, hängt somit weniger von der technischen Entwicklung des Verfahrens als vielmehr vom zukünftigen Ausbaupfad der erneuerbaren Energien ab.[177]

Die meisten Szenarien zur Entwicklung der THG-Konzentrationen in der Atmosphäre gehen davon aus, dass spätestens in der zweiten Jahrhunderthälfte erhebliche Anstrengungen unternommen werden müssen, große Mengen negativer Emissionen zu erzeugen, um die globale Erwärmung bis 2100 nicht über 2 Grad Celsius ansteigen zu lassen. Die jüngste Studie des European Academies' Science Advisory Council[178] vergleicht sieben in diesem Kontext oft genannte Optionen: (Wieder-) Aufforstung, Landmanagement, Bioenergy-CCS, forcierte Verwitterung, Direct-Air-Capture mit geologischer Speicherung (DACCS), Eisendüngung im Ozean und CCS. Vergleichsgrößen sind die CO_2-Minderungspotenziale, Kosten, Konsistenz unterschiedlicher Ansätze, Dauerhaftigkeit der Maßnahmen, mögliche gegenteilige Klimaeffekte und die Wahrscheinlichkeit von Auswirkungen auf Biodiversität und große Ökosysteme.

Bemühungen zur raschen Reduktion von THG-Emissionen sollten grundsätzlich eine hohe Priorität haben, um von diesen Optionen nicht in hohem Maße Gebrauch machen zu müssen. Vor diesem Hintergrund erscheinen zeitnahe Debatten über den Einsatz von CCU und CCS als Bausteine für den Klimaschutz in der Industrie dringend geboten.

---

175 | Vgl. CleanCarbonTechnology 2018.
176 | Insbesondere außerhalb Europas.
177 | Vgl. auch SAPEA 2018.
178 | Vgl. EASAC 2018.

Anhang

Abbildungsverzeichnis

Abbildung 1:	Entwicklung der THG-Emissionen in Deutschland nach Sektoren. Der Sektor Industrie entspricht der Sektordefinition laut Klimaschutzplan (Quellen: UBA 2018a, UBA 2018b).	14
Abbildung 2:	Entwicklung der THG-Emissionen des Sektors Industrie in Deutschland nach Quellentyp ohne Biomasse-Emissionen und Sektorziel 2030 laut Klimaschutzplan; KWK = Kraft-Wärme-Kopplung (Quellen: UBA 2018a, UBA 2018b)	15
Abbildung 3:	Entwicklung der prozessbedingten THG-Emissionen der Industrie in Deutschland (Quellen: UBA 2018a, UBA 2018b)	16
Abbildung 4:	Verifizierte THG-Emissionen der fünfzig deutschen Industriestandorte mit dem größten THG-Ausstoß im EU-Emissionshandel 2014 (Reihung nach Emissionsmenge) und kumulierter Anteil an den Gesamtemissionen; erfasst sind nur Standorte mit einem jährlichen THG-Ausstoß von mindestens 0,2 Millionen Tonnen (Quelle: eigene Darstellung in Anlehnung an EUTL 2017).	17
Abbildung 5:	Geografische Verteilung der nach EU-Emissionshandel verifizierten THG-Emissionen industrieller Punktquellen Deutschlands und Lage von Sedimentbecken sowie von Erdgasfeldern als geologisch mögliche CO_2-Untergrundspeicher. Eine Speicherung von CO_2 im On-shore-Bereich ist rechtlich derzeit weitgehend ausgeschlossen (Quellen: Gerling et al. 2009, DEHSt 2013).	18
Abbildung 6:	Prozessketten der CCU- und CCS-Technologien. Für verschiedene Anwendungen ist CO_2 ein verwertbarer Rohstoff, im Untergrund gespeichertes CO_2 kann bei Bedarf rückgefördert werden (Quelle: eigene Darstellung).	21
Abbildung 7:	Vergleich des Transportaufwands für 1 Million Tonnen CO_2 per Pipeline, Schiff, Bahn oder Tankwagen (Quelle: eigene Darstellung)	23
Abbildung 8:	Qualitative Darstellung des Energieflusses und der Rolle von CO_2. Der von Methan rückführende Pfad zu regenerativ erzeugter elektrischer Energie deutet eine mögliche Kreislaufführung von Energie unter Nutzung von CO_2 an, bei Inkaufnahme von erheblichen Energieverlusten (Quelle: eigene Darstellung in Anlehnung an Piria et al. 2016).	25
Abbildung 9:	Mögliche CCU-Erzeugnisse der chemischen Industrie. Die Herstellung von Harnstoff, zyklischen Karbonaten und Salizylsäure erfolgt bereits im kommerziellen Maßstab, die der anderen CO_2-Produkte befindet sich im Demonstrations- oder Labormaßstab (Quelle: eigene Darstellung in Anlehnung an Bazzanella/Ausfelder 2017).	26
Abbildung 10:	Speichermechanismen mit Zeitachse und Abnahme des naturgegebenen Leckagerisikos im Zeitverlauf (Quelle: eigene Darstellung in Anlehnung an Kühn et al. 2009)	31

Abbildung 11: Prognostizierte CO_2-Speicherpotenziale in Formationen unterhalb der Nordsee und der Norwegischen See sowie in Deutschland; Angaben im marinen Bereich aggregiert für saline Aquifere und Kohlenwasserstofflagerstätten (Quelle: Bentham et al. 2014; Riis/Halland 2014; Anthonsen et al. 2013; Anthonsen et al. 2014; Knopf et al. 2010; Neele et al. 2012) 34

Abbildung 12: Modell einer Marktbereiter-Institution – Ziele und Rolle (Quelle: eigene Darstellung in Anlehnung an Whiriskey/Helseth 2016) 46

Abbildung 13: Technischer Entwicklungsstand verschiedener CCU-Erzeugnisse der links aufgeführten Produktgruppen; die Anzahl der Symbole pro Tabellenfeld steht für die Zahl einzelner Entwicklungen verschiedener Unternehmen mit ihrem derzeitigen Status – aufsteigender technischer Entwicklungsstand von 1 bis 10 (Quelle: verändert nach The Global CO_2 Initiative/GCI 2018). 56

Tabellenverzeichnis

Tabelle 1: Übersicht der THG-Emissionen nach Branche und Anzahl der Anlagen 2014 in Deutschland (Quelle: EUTL 2017) 16

Tabelle 2: Übersicht der verglichenen Szenarien zur THG-Minderung für den Industriesektor in Deutschland (sortiert nach Minderungszielniveau; Quelle: eigene Darstellung) 19

Tabelle 3: Vergleich der genutzten Minderungsoptionen in den Szenarien (+++: sehr stark genutzt; ++: stark genutzt; +: weniger stark genutzt; 0: gar nicht genutzt). Power-to-Heat (PtH) und Power-to-Gas (PtG) sind Formen von CCU (Quelle: eigene Darstellung). 20

Tabelle 4: Speicherpotenzial in Jahren bei einer Einlagerung von jährlich 10, 20, 50, 100 Millionen Tonnen CO_2 in den Bereichen (a) Off-shore deutsche Nordsee, (b) On-shore Deutschland, (c) Off-shore Nordsee und Norwegische See, hier mit einem Anteil von 10 Prozent des geschätzten Speichervolumens (Quelle: eigene Darstellung; Gesamtgröße der Speicherpotenziale gerundet in Anlehnung an Abbildung 11) 33

Abkürzungsverzeichnis

BDI	Bundesverband der Deutschen Industrie e. V.
BGR	Bundesanstalt für Geowissenschaften und Rohstoffe
BMBF	Bundesministerium für Bildung und Forschung
BMU/BMUB	Bundesministerium für Umwelt, Naturschutz und nukleare Sicherheit
BMWi	Bundesministerium für Wirtschaft und Energie
BTX	Summenparameter für leichtflüchtige aromatische Kohlenwasserstoffe
CCS	Carbon(dioxid) Capture and Storage
CCU	Carbon(dioxid) Capture and Utilization
CO_2	Kohlendioxid
DACCS	Direct Air Carbon(dioxid) Capture and Storage
DIN	Deutsches Institut für Normung e. V.
EASAC	European Academies' Science Advisory Council
ECF	European Climate Foundation
EGR	Enhanced Gas Recovery
EOR	Enhanced Oil Recovery
ERA-NET	European Research Area-Network
ESYS	Akademienprojekt „Energiesysteme der Zukunft"
EU ETS	EU Emissions Trading System
EUTL	European Union Transaction Log
GFZ	Helmholtz-Zentrum Potsdam – Deutsches GeoForschungsZentrum
Hrsg.	Herausgeber
IASS	Institute for Advanced Sustainability Studies e. V.
IEA	International Energy Agency
IPCC	Intergovernmental Panel on Climate Change
ISI	Fraunhofer-Institut für System- und Innovationsforschung
ISO	International Organization for Standardization
KIT	Karlsruher Institut für Technologie
KSpG	Kohlendioxidspeicherungsgesetz
NGO	Nichtregierungsorganisation (Non-governmental organization)
PIK	Potsdam-Institut für Klimafolgenforschung e. V.
PtG	Power-to-Gas
PtH	Power-to-Heat
THG	Treibhausgas
UBA	Umweltbundesamt
UNFCCC	United Nations Framework Convention on Climate Change

Literatur

Abanades et al. 2017
Abanades, J. C./Rubin, E. S./Mazzottic, M./Herzog, H. J.: „On the Climate Change Mitigation Potential of CO_2 Conversion to Fuels". In: *Energy & Environmental Science*, 12, 2017.

Abu-Zahra et al. 2013
Abu-Zahra, M. R. M./Abbas, Z./Singh, P./Feron, P.: „Carbon Dioxide Post-Combustion Capture: Solvent Technologies, Overview, Status and Future". In: *Materials and Processes for Energy: Communicating Current Research and Technological Developments*, 2013.

acatech/Leopoldina/Akademienunion 2017
acatech – Deutsche Akademie der Technikwissenschaften e. V./Deutsche Akademie der Naturforscher Leopoldina e. V./Union der deutschen Akademien der Wissenschaften e. V. (Hrsg.): *Sektorkopplung – Optionen für die nächste Phase der Energiewende* (Schriftenreihe Energiesysteme der Zukunft), Berlin 2017.

ACT 2018
Accelerating CCS Technologies (ACT): *ACT – Accelerating CCS Technologies*, 2018. URL: http://www.act-ccs.eu/ [Stand: 03.07.2018].

AIChE 2016
American Institute of Chemical Engineers (AIChE): *Carbon Capture Utilization and Storage*, 2016. URL: http://www.aiche.org/ccusnetwork [Stand: 22.06.2018].

Anthonsen et al. 2013
Anthonsen, K. L./Aagaard, P./Bergmo, P. E. S./Erlström, M./Faleide, J. I./Gislason, S. R./Mortensen, G. M./Snaebjörnsdottir, S. O.: „CO_2 Storage Potential in the Nordic Region". In: *Energy Procedia*, 37, 2013, S. 5080–5092.

Anthonsen et al. 2014
Anthonsen, K. L./Bernstone, C./Feldrappe, H.: „Screening for CO_2 Storage Sites in Southeast North Sea and Southwest Baltic Sea". In: *Energy Procedia*, 63, 2014, S. 5083–5092.

Arens/Worrell 2014
Arens, M./Worrell, E.: „Diffusion of Energy Efficient Technologies in the German Steel Industry and Their Impact on Energy Consumption". In: *Energy*, 73, 2014, S. 968–977.

Armstrong/Styring 2015
Armstrong, K./Styring, P.: „Assessing the Potential of Utilization and Storage Strategies for Post-Combustion CO_2 Emissions Reduction". In: *Frontiers in Energy Research*, 3, 2015.

Arning et al. 2017
Arning, K./Heek, J. van/Ziefle, M.: „Risk Perception and Acceptance of CDU Consumer Products in Germany". In: *Energy Procedia*, 114, 2017, S. 7186–7196.

Ausfelder et al. 2017
Ausfelder, F./Drake, F.-D./Erlach, B./Fischedick, M./Henning, H.-M./Kost, C./Münch, W./Pittel, K./Rehtanz, C./Sauer, J./Schätzler, K./Stephanos, C./Themann, M./Umbach, E./Wagemann, K./Wagner, H.-J./Wagner, U.: *‚Sektorkopplung' – Untersuchungen und Überlegungen zur Entwicklung eines integrierten Energiesystems* (Schriftenreihe Energiesysteme der Zukunft), München 2017.

Bazzanella/Ausfelder 2017
Bazzanella, A. M./Ausfelder, F.: *Low Carbon Energy and Feedstock for the European Chemical Industry* (Technology Study), Frankfurt am Main: DECHEMA Gesellschaft für Chemische Technik und Biotechnologie e. V. 2017.

Bazzanella/Krämer 2017
Bazzanella, A./Krämer, D. (Hrsg.): *Technologien für Nachhaltigkeit und Klimaschutz – Chemische Prozesse und stoffliche Nutzung von CO_2* (Ergebnisse der BMBF-Fördermaßnahme), Frankfurt am Main: DECHEMA Gesellschaft für Chemische Technik und Biotechnologie e. V. 2017.

Bellona Foundation 2017
Bellona Foundation: „New Dutch Government Puts CO_2 Capture and Storage at Forefront in Climate Plan" (Pressemitteilung vom 11.10.2017). URL: http://bellona.org/news/ccs/2017-10-24057 [Stand: 03.07.2018].

Bennett et al. 2014
Bennett, S. J./Schroeder, D. J./McCoy, S. T.: „Towards a Framework for Discussing and Assessing CO_2 Utilisation in a Climate Context". In: *Energy Procedia*, 63, 2014, S. 7976–7992.

Bentham et al. 2014
Bentham, M./Malloes, T./Lowndes, J./Green, A.: „CO_2 STORage Evaluation Database (CO_2 Stored). The UK's Online Storage Atlas". In: *Energy Procedia*, 63, 2014, S. 5103–5113.

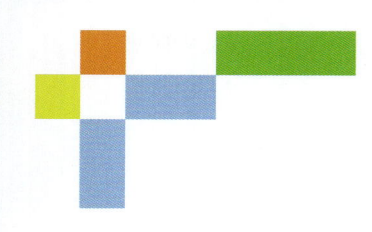

BGR 2018
Bundesanstalt für Geowissenschaften und Rohstoffe (BGR): *CLUSTER – Auswirkungen der Begleitstoffe in den abgeschiedenen CO_2-Strömen unterschiedlicher Emittenten eines regionalen Clusters auf Transport, Injektion und Speicherung*, 2018. URL: https://www.bgr.bund.de/DE/Themen/Nutzung_tieferer_Untergrund_CO2Speicherung/CO2Speicherung/CLUSTER/Home/cluster_node.html [Stand: 26.06.2018].

BMBF 2013
Bundesministerium für Bildung und Forschung (BMBF): *Technologien für Nachhaltigkeit und Klimaschutz – Chemische Prozesse und stoffliche Nutzung von CO_2* (Informationsbroschüre zur Fördermaßnahme des Bundesministeriums für Bildung und Forschung), Bonn 2013.

BMBF 2015
Bundesministerium für Bildung und Forschung (BMBF): *CO_2Plus – Stoffliche Nutzung von CO_2 zur Verbreiterung der Rohstoffbasis* (Bekanntmachung), Bonn 2015.

BMBF 2016
Bundesministerium für Bildung und Forschung (BMBF): *CO_2Form – Direkte Synthese der Basischemikalie Formaldehyd aus dem Treibhausgas Kohlendioxid*, Bonn 2016.

BMBF 2017
Bundesministerium für Bildung und Forschung (BMBF): *Vom Abfall zum Rohstoff: Kann CO_2 in Zukunft Erdöl ersetzen?*, Berlin 2017.

BMBF 2018
Bundesministerium für Bildung und Forschung (BMBF): „Mit Abgas das Klima retten" (Pressemitteilung vom 27.06.2016). URL: https://www.bmbf.de/de/mit-abgas-das-klima-retten-3044.html [Stand: 03.07.2018].

BMUB 2016
Bundesministerium für Umwelt, Naturschutz, Bau und Reaktorsicherheit (BMUB): *Klimaschutzplan 2050. Klimaschutzpolitische Grundsätze und Ziele der Bundesregierung*, Berlin 2016.

BMWi 2017
Bundesministerium für Wirtschaft und Energie (BMWi): *Energieeffizienz in Zahlen*, Berlin 2017.

Bozzuto 2015
Bozzuto, C./Krutka, H./Tomski, P./Angielski, S./Phillips, J.: *Fossil Forward: Revitalizing CCS*, Washington: National Coal Council 2015.

Braun et al. 2017
Braun, C./Merk, C./Pönitzsch, G./Rehdanz, K./Schmidt, U.: „Public Perception of Climate Engineering and Carbon Capture and Storage in Germany: Survey Evidence". In: *Climate Policy*, 18, 2018, S. 471–484.

Bringezu 2014
Bringezu, S.: „Carbon Recycling for Renewable Materials and Energy Supply". In: *Journal of Industrial Ecology*, 18, 2014, S. 327–340.

Bruhn et al. 2016
Bruhn, T./Naims, H./Olfe-Kräutlein, B.: „Separating the Debate on CO_2 Utilisation from Carbon Capture and Storage". In: *Environmental Science & Policy*, 60, 2016, S. 38–43.

Brunke/Blesl 2014
Brunke, J.-C./Blesl, M.: „Energy Conservation Measures for the German Cement Industry and Their Ability to Compensate for Rising Energy-Related Production Costs". In: *Journal of Cleaner Production*, 82, 2014, S. 94–111.

Brunsting et al. 2011
Brunsting, S./Upham, P./Dütschke, E./Waldhober, M. D. B./Oltra, C./Desbarats, J./Riesch, H./Reiner, D.: „Communicating CCS: Applying Communications Theory to Public Perceptions of Carbon Capture and Storage". In: *International Journal of Greenhouse Gas Control*, 5, 2011, S. 1651–1662.

Bundesregierung 2018
Bundesregierung: *Koalitionsvertrag zwischen CDU, CSU und SPD. 19. Legislaturperiode*, 2018. URL: https://www.bundesregierung.de/Content/DE/_Anlagen/2018/03/2018-03-14-koalitionsvertrag.pdf;jsessionid=ADE9295363EA8FE0428C6C6611B286D2.s4t1?__blob=publicationFile&v=5 [Stand: 27.06.2018].

CarbonCure Technologies 2018
CarbonCure Technologies Inc.: *Recycling CO_2 to Make Simply Better Concrete*, 2018. URL: http://carboncure.com/technology/ [Stand: 03.07.2018].

CCSA 2017
Carbon Capture and Storage Association (CCSA): *Clean Air, Clean Industry, Clean Growth: How Carbon Capture Will Boost the UK Economy* (East Coast UK Carbon Capture and Storage Investment Study), London 2017.

CGS 2018
Zentrum für Geologische Speicherung (CGS): *Publikationen*, 2018. URL: http://www.CO2ketzin.de/publikationen/ [Stand: 03.07.2018].

Chowdhury et al. 2017
Chowdhury, R./Das, S./Ghosh, S.: „CO_2 Capture and Utilization (CCU) in Coal-Fired Power Plants: Prospect of In Situ Algal Cultivation". In: *Sustainable Energy Technology and Policies*, 2017, S. 231–254.

CleanCarbonTechnology 2018
CleanCarbonTechnology: *Our Carbon Capture Device*, 2018. URL: https://cleancarbontech.co.za/pages/blank/blog-grid/ [Stand: 03.07.2018].

Climate Home News 2018
Climate Home News: *Leaked Final Government Draft of UN 1.5C Climate Report – Annotated*, 2018. URL: http://www.climatechangenews.com/2018/06/27/new-leaked-draft-of-un-1-5c-climate-report-in-full-and-annotated/ [Stand: 09.07.2018].

Cremer et al. 2008
Cremer, C./Esken, A./Fischedick, M./Gruber, E./Idrissova, F./Kuckshinrichs, W./Linßen, J./Pietzner, K./Radgen, P./Roser, A./Schnepf, N./Schumann, D./Supersberger, N./Zapp, P.: *Sozioökonomische Begleitforschung zur gesellschaftlichen Akzeptanz von Carbon Capture and Storage (CCS) auf nationaler und internationaler Ebene* (Endbericht), Wuppertal: Wuppertal Institut für Klima, Umwelt, Energie GmbH 2008.

DECHEMA 2013
DECHEMA Gesellschaft für Chemische Technik und Biotechnologie e. V.: *Methanpyrolyse zur Wasserstofferzeugung ohne CO_2-Emissionen* (Abschlussbericht zum Förderprojekt), 2013. URL: https://dechema.de/dechema_media/2942_Schlussbericht-p-4820.pdf [Stand: 03.07.2018].

DECHEMA 2016
DECHEMA Gesellschaft für Chemische Technik und Biotechnologie e. V.: *CO_2Net+ Stoffliche Nutzung von CO_2 zur Verbreiterung der Rohstoffbasis*, 2016. URL: www.chemieundCO$_2$.de [Stand: 03.07.2018].

DEHSt 2013
Deutsche Emissionshandelsstelle (DEHSt): *Emissionshandelspflichtige Anlagen in Deutschland 2008–2012 (Stand 28.02.2013)*, 2013. URL: https://www.dehst.de/DE/service/archivsuche/archiv/SharedDocs/downloads/DE/Zuteilung/Zuteilung_2008-2012/NAP%20II/20130228-NAP-Tabelle.html?nn=8588642 [Stand: 22.06.2018].

Dieckmann 2012
Dieckmann, N.: „Das neue CCS-Gesetz – Überblick und Ausblick". In: *Neue Zeitschrift für Verwaltungsrecht*, 16, 2012, S. 989–994.

Dütschke et al. 2015
Dütschke, E./Schumann, D./Pietzner, K.: „Chances for and Limitations of Acceptance for CCS in Germany". In: Liebscher, A./Münch, U. (Hrsg.): *Geological Storage of CO_2 – Long Term Security Aspects* (GEOTECHNOLOGIEN Science Report No. 22), Cham: Springer International Publishing Switzerland 2015, S. 229–245.

Dütschke et al. 2016
Dütschke, E./Wohlfahrt, K./Höller, S./Viebahn, P./Schumann, D./Pietzner, K.: „Differences in the Public Perception of CCS in Germany Depending on CO_2 Source, Transport Option and Storage Location". In: *International Journal of Greenhouse Gas Control*, 53, 2016, S. 149–159.

Eames/Lowman 2018
Eames, F. R./Lowman, D. S. Jr.: *Section 45Q Tax Credit Enhancements Could Boost CCS*, 2018. URL: https://www.huntonnickelreportblog.com/2018/02/section-45q-tax-credit-enhancements-could-boost-ccs/ [Stand: 03.07.2018].

EASAC 2018
European Academies Science Advisory Council (EASAC): *Negative Emission Technologies: What Role in Meeting Paris Agreement Targets?* (Policy Report 35), Halle 2018.

EEA 2018
European Environment Agency (EEA): *EEA Greenhouse Gas – Data Viewer*, 2018. URL: http://www.eea.europa.eu/data-and-maps/data/data-viewers/greenhouse-gases-viewer [Stand: 03.07.2018].

ENOS 2018
Enabling Onshore CO_2 Storage in Europe (ENOS): *Seasonal CO_2 Storage in Q16-Maas, ENOS Field Site in The Netherlands*, 2018. URL: http://www.enos-project.eu/media/15231/enos-newsletter2-final.pdf [Stand: 03.07.2018].

ETS Innovation Fund 2018
ETS Innovation Fund: *EU Finance for Innovative Renewables, Industry and CCS*, 2018. URL: http://ner400.com/ [Stand: 03.07.2018].

Europäisches Parlament 2009
Europäisches Parlament: *Richtlinie 2009/31/EG des Europäischen Parlaments und des Rates vom 23. April 2009 über die geologische Speicherung von Kohlendioxid und zur Änderung der Richtlinie 85/337/EWG des Rates sowie der Richtlinien 2000/60/EG, 2001/80/EG, 2004/35/EG, 2006/12/EG und 2008/1/EG des Europäischen Parlaments und des Rates sowie der Verordnung (EG) Nr. 1013/2006 (Text von Bedeutung für den EWR)*, Straßburg 2009. Richtlinie 2009/31/EG v. 23.04.2009, ABlEU Nr. L 140, S. 114 ff.

Europäisches Parlament 2018
Europäisches Parlament: *Governance-System der Energieunion* (angenommene Texte), 2018.

EUTL 2017
European Union Transaction Log (EUTL): *Allocation Table Installation Information*, 2017. URL: http://ec.europa.eu/environment/ets/napInstallationInformation.do?commitmentPeriodCode=2&napId=19854&commitmentPeriodDesc=Phase+3+%282013-2020%29&allowancesForOperators=1200141762&action=napHistoryParams&allowancesForReserve=17115471&registryName=Germany [Stand: 09.07.2018].

Fischedick et al. 2015
Fischedick, M./Görner, K./Thomeczek, M. (Hrsg.): *CO_2: Abtrennung, Speicherung, Nutzung*, Heidelberg: Springer Verlag 2015.

FIZ 2018
FIZ Karlsruhe – Leibniz-Institut für Informationsinfrastruktur GmbH: *Post Combustion Capture*, 2018. URL: www.Kraftwerksforschung.info/post-combustion-capture [Stand: 03.07.2018].

Fleiter et al. 2013
Fleiter, T./Schlomann, B./Eichhammer, W. (Hrsg.): *Energieverbrauch und CO_2-Emissionen industrieller Prozesstechniken – Einsparpotenziale, Hemmnisse und Instrumente* (ISI-Schriftenreihe „Innovationspotenziale"), Stuttgart: Fraunhofer Verlag 2013.

Fröndhoff 2015
Fröndhoff, B.: *Die Welt hat kein Rohstoffproblem*, 2015. URL: https://www.handelsblatt.com/unternehmen/industrie/michael-carus-die-welt-hat-kein-rohstoffproblem/12475584.html?ticket=ST-74631-AiAzQVadXgTOi3XoFGwZ-ap6 [Stand 27.06.2018].

Fuss et al. 2014
Fuss, S./Canadell, J. G./Peters, G. P./Tavoni, M./Andrew, R. M./Ciais, P./Jackson, R. B./Jones, C. D./Kraxner, F./Nakicenovic, N./Le Quere, C./Raupach, M. R./Sharifi, A./Smith, P./Yamagata, Y.: „Betting on Negative Emissions". In: *Nature Climate Change*, 4, 2014, S. 850–853.

Gasser et al. 2015
Gasser, T./Guivarch, C./Tachiiri, K./Jones, C. D./Ciais, P.: „Negative Emissions Physically Needed to Keep Global Warming below 2 °C". In: *Nature Communications*, 6: 7958, 2015.

GCCSI 2009
Global CCS Institute (GCCSI): *ROAD project*, 2009. URL: https://hub.globalccsinstitute.com/publications/thematic-report-CO_2-transport-session-may-2014/road-project [Stand: 03.07.2018].

GCCSI 2013
Global CCS Institute (GCCSI): *CCUS Development Roadmap Study for Guangdong Province, China* (Final Report: Part 6), 2013.

GCCSI 2017
Global CCS Institute (GCCSI): *Global Status of CCS Report: 2017*, Australien 2017.

GCCSI 2018
Global CCS Institute (GCCSI): *Large-Scale CCS Facilities*, 2018. URL: https://www.globalccsinstitute.com/projects [Stand: 03.07.2018].

GCI 2018
The Global CO_2 Initiative (GCI): *Transforming a Liability into an Asset. An Emerging Economic Opportunity with Significant Environmental Impact* (Workshop iCCUS T3: Handlungsoptionen am 27.02.2018), Berlin 2018.

GEOTECHNOLOGIEN 2018
Koordinierungsbüro GEOTECHNOLOGIEN: *AUGE – Auswertung der GEOTECHNOLOGIEN-Projekte zum Thema Kohlendioxidspeicherung zur Erstellung eines Kriterienkatalogs für das KSpG und zur Vorbereitung eines Demonstrationsprojektes,* 2018. URL: http://www.geotechnologien.de/index.php/de/CO_2-speicherung/auge.html [Stand: 03.07.2018].

Gerling 2008
Gerling, J. P.: „Geologische CO_2-Speicherung als Beitrag zur nachhaltigen Energieversorgung". In *Bergbau,* 61: 10, 2008, S. 472–475.

Gerling et al. 2009
Gerling, J. P./Reinhold, K./Knopf, S.: „Speicherpotenziale für CO_2 in Deutschland". In: Stroink, L./Gerling, J. P./Kühn, M./Schilling, F. R. (Hrsg.): *Die dauerhafte geologische Speicherung von CO_2 in Deutschland – Aktuelle Forschungsergebnisse und Perspektiven* (GEOTECHNOLOGIEN Science Report No. 14), Potsdam: Helmholtz-Zentrum Potsdam Deutsches GeoForschungsZentrum – GFZ 2009, S. 28–38.

Goffmann 1974
Goffmann, E.: *Frame Analysis: An Essay on the Organization of Experience,* Cambridge: Harvard University Press 1974.

Grünwald 2008
Grünwald, R.: *Treibhausgas – ab in die Versenkung? Möglichkeiten und Risiken der Abscheidung und Lagerung von CO_2* (Studien des Büros für Technikfolgen-Abschätzung beim Deutschen Bundestag, 25), Berlin: Nomos Verlag 2008.

Haszeldine/Scott 2011
Haszeldine, S./Scott, V.: „Carbon Capture: Why We Need It". In: *New Scientist,* 210: 2806, 2011, S. ii–iii.

Hellriegel 2010
Hellriegel, M.: „Der neue Gesetzentwurf zu Carbon Capture and Storage". In: *Neue Zeitschrift für Verwaltungsrecht,* 24: 2010, S. 1530–1534.

Hendriks et al. 2013
Hendriks, C./Noothout, P./Zakkour, P./Cook, G.: *Implications of the Reuse of Captured CO_2 for European Climate Action Policies* (Final Report), Utrecht: ECOFYS Netherlands B. V. 2013.

Hornberger et al. 2017
Hornberger, M./Spörl, R./Spinelli, M./Romano, M./Alonso, M./Abanades, C./Cinti, G./Becker, S./Mathai, R.: *Calcium Looping CO_2 Capture* (Poster beim ECRA/CEMCAP Workshop am 07.11.2017), Düsseldorf 2017.

i24c 2017
Industrial Innovation for Competitiveness (i24c): *Deployment of an Industrial CCS Cluster in Europe: A Funding Pathway,* Cambridge 2017.

IEA 2011
International Energy Agency (IEA): *Carbon Capture and Storage and the London Protocol. Options for Enabling Transboundary CO_2 Transfer,* Paris 2011.

IEA 2013
International Energy Agency (IEA): *Technology Roadmap: Carbon Capture and Storage. 2013 Edition,* Paris 2013.

IEA 2016
International Energy Agency (IEA): *20 Years of Carbon Capture and Storage. Accelerating Future Deployment,* Paris 2016.

IPCC 2005
Intergovernmental Panel on Climate Change (IPCC): *Carbon Dioxide Capture and Storage* (Full Report), New York 2005.

Irlam 2017
Irlam, L.: *Global Costs of Carbon Capture and Storage* (2017 Update), Melbourne: The Global CCS Institute (GCCSI) 2017.

ISO 2016
International Organization for Standardization (ISO): *Carbon Dioxide Capture, Transportation and Geological Storage – Pipeline Transportation Systems* (Technical Report ISO 27913:2016), Genf 2016.

ISO 2017a
International Organization for Standardization (ISO): *Carbon Dioxide Capture, Transportation and Geological Storage – Geological Storage* (Technical Report ISO 27914:2017), Genf 2017.

ISO 2017b
International Organization for Standardization (ISO): *Carbon Dioxide Capture, Transportation and Geological Storage – Quantification and Verification* (Technical Report ISO/TR 27915:2017), Genf 2017.

ISO 2017c
International Organization for Standardization (ISO): *Carbon Dioxide Capture, Transportation and Geological Storage – Carbon Dioxide Storage Using Enhanced Oil Recovery (CO_2-EOR)* (Technical Report ISO/FDIS 27916 [under Development]), Genf 2017.

Jones et al. 2014
Jones, C. R./Radford, R. L./Armstrong, K./Styring, P.: „What a Waste! Assessing Public Perceptions of Carbon Dioxide Utilisation Technology". In: *Journal of CO_2 Utilization,* 7, 2014, S. 51–54.

Jones et al. 2015
Jones, C. R./Kaklamanou, D./Stuttard, W. M./Radford, R. L./Burley, J.: „Investigating Public Perceptions of Carbon Dioxide Utilisation (CDU) Technology: A Mixed Methods Study". In: *Faraday Discuss,* 183, 2015, S. 327–347.

Jones et al. 2016
Jones, C. R./Olfe-Kräutlein, B./Kaklamanou, D.: „Lay Perceptions of Carbon Dioxide Capture and Utilisation Technologies in the UK and Germany: A Qualitative Interview Study" (Paper Presented at the 14th International Conference on Carbon Dioxide Utilisation/ICCDU), Sheffield 2016.

Kahnemann/Tversky 1984
Kahnemann, D./Tversky, A.: „Choices, Values, and Frames". In: *American Psychologist,* 39: 4, 1984, S. 341–369.

Kenyon/Jeyakumar 2015
Kenyon, D./Jeyakumar, B.: *Carbon Capture and Utilization* (Fact Sheet), Pembina Institute 2015.

Klankermayer/Leitner 2015
Klankermayer, J./Leitner, W.: „Love at Second Sight for CO_2 and H_2 in Organic Synthesis". In: *Science,* 350: 6261, 2015, S. 629–630.

Knopf et al. 2010
Knopf, S./May, F./Müller, C./Gerling, J. P.: „Neuberechnung möglicher Kapazitäten zur CO_2-Speicherung in tiefen Aquifer-Strukturen". In: *Energiewirtschaftliche Tagesfragen,* 60: 4, 2010, S. 76–80.

KSpG 2012
Kohlendioxidspeicherungsgesetz – KSpG: *Gesetz zur Demonstration der dauerhaften Speicherung von Kohlendioxid,* vom 17.08.2012, BGBl. I S. 1726, in Kraft getreten am 24.08.2012, geändert durch Artikel 116 der Verordnung vom 31.08.2015, BGBl. I S. 1474.

Kuckshinrichs et al. 2010
Kuckshinrichs, W./Markewitz, P./Linssen, J./Zapp, P./Peters, M./Köhler, B./Müller, T. E./Leitner, W.: *Weltweite Innovationen bei der Entwicklung von CCS-Technologien und Möglichkeiten der Nutzung und des Recyclings von CO_2,* Jülich: Forschungszentrum Jülich 2010.

Kühn et al. 2009
Kühn, M./Kempka, T./Class, H./Bauer, S./Kolditz, O./Görke, U.-J./Chan-Hee, P./Wenquing, W.: „Prozessmodellierung zur Risikoabschätzung". In: Stroink, L./Gerling, J. P./Kühn, M./Schilling, F. R. (Hrsg.): *Die dauerhafte geologische Speicherung von CO_2 in Deutschland – Aktuelle Forschungsergebnisse und Perspektiven* (GEOTECHNOLOGIEN Science Report Nr. 14), Potsdam: Helmholtz-Zentrum Potsdam Deutsches GeoForschungsZentrum – GFZ 2009, S. 66–75.

Kühn 2011
Kühn, M.: „CO_2-Speicherung. Chancen und Risiken". In: *Chemie in unserer Zeit,* 45: 2, 2011, S. 126–138.

Lasch 2014
Lasch, H.: „Chance oder Scheindebatte?: Kohlendioxid als Rohstoff?". In: *Ökotest,* 10, 2014, S. 18–26.

Lemke 2017
Lemke, J.: *Cement Oxyfuel Technology from a Supplier Perspective* (Präsentation beim ECRA/CEMCAP-Workshop am 07.11.2017), Düsseldorf 2017.

Liebscher et al. 2012
Liebscher, A./Martens, S./Möller, F./Lüth, S./Schmidt-Hattenberger, C./Kempka, T./Szizybalski, A./Kühn, M.: „Überwachung und Modellierung der geologischen CO_2-Speicherung – Erfahrungen vom Pilotstandort Ketzin, Brandenburg (Deutschland)". In: *geotechnik,* 35: 3, 2012, S. 177–186.

Luderer et al. 2013
Luderer, G./Pietzcker, R. C./Bertram, C./Kriegler, E./Meinshausen, M./Edenhofer, O.: „Economic Mitigation Challenges: How Further Delay Closes the Door for Achieving Climate Targets". In: *Environmental Research Letters,* 8: 3, 2013.

Luderer et al. 2018
Luderer, G./Vrontisi, Z./Bertram, C./Edelenbosch, O. Y./Pietzcker, R. C./Rogelj, J./De Boer, H. S./Drouet, L./Emmerling, J./Fricko, O./Fujimori, S./Havlik, P./Iyer, G./Keramidas, K./Kitous, A./Pehl, M./Krey, V./Riahi, K./Saveyn, B./Tavoni, M./Van Vuuren, D. P./Kriegler, E.: „Residual Fossil CO_2 Emissions in 1.5–2 °C Pathways". In: *Nature Climate Change*, 8, 2018, S. 626–633.

Maas 2011
Maas, W.: *The Post-2020 Cost-Competitiveness of CCS Cost of Storage*, 2011. URL: http://www.ieaghg.org/docs/General_Docs/Iron%20and%20Steel%20Presentations/20%20Maas%20ZEP%20COSTOFSTORAGE%20STEELCCS%20091111.pdf [Stand: 29.06.2018].

Mac Dowell et al. 2017
Mac Dowell, N./Fennell, P. S./Shah, N./Maitland, G. C.: „The Role of CO_2 Capture and Utilization in Mitigating Climate Change". In: *Nature Climate Change*, 7, 2017, S. 243–249.

Markewitz et al. 2012
Markewitz, P./Kuckshinrichs, W./Leitner, W./Linssen, J./Zapp, P./Bongartz, R./Schreiber, A./Muller, T. E.: „Worldwide Innovations in the Development of Carbon Capture Technologies and the Utilization of CO_2". In: *Energy & Environmental Science*, 5: 6, 2012, S. 7281–7305.

Martens et al. 2014
Martens, S./Möller, F./Streibel, M./Liebscher, A.: „Completion of Five Years of Safe CO_2 Injection and Transition to the Post-Closure Phase at the Ketzin Pilot Site". In: *Energy Procedia*, 59, 2014, S. 190–197.

Mathai 2017
Mathai, R.: *Oxyfuel Cooler Prototype (And Upscaling)* (Präsentation beim ECRA/CEMCAP-Workshop am 07.11.2017), Düsseldorf 2017.

MCC 2018
Mercator Research Institute on Global Commons and Climate Change (MCC) gGmbH: *So schnell tickt die CO_2-Uhr*, 2018. URL: https://www.mcc-berlin.net/forschung/CO2-budget.html [Stand: 02.07.2018].

McConnell 2012
McConnell, C.: *Adding „Utilization" to Carbon Capture and Storage*, 2012. URL: https://www.energy.gov/articles/adding-utilization-carbon-capture-and-storage [Stand: 29.06.2018].

McKinsey & Company 2018
McKinsey & Company (Hrsg.): *Decarbonization of Industrial Sectors – The Next Frontier*, Amsterdam 2018.

Ministry of Petroleum and Energy 2016
Ministry of Petroleum and Energy: *Feasibility Study for Full-Scale CCS in Norway*, Oslo 2016.

Naims 2016
Naims, H.: „Economics of Carbon Dioxide Capture and Utilization – A Supply and Demand Perspective". In: *Environmental Science and Pollution Research*, 23: 22, 2016, S. 22226–22241.

Neele et al. 2012
Neele, F./ten Veen, J./Wilschut, F./Hofstee, C.: *Independent Assessment of High-Capacity Offshore CO_2 Storage Options* (TNO Report), Delft: Energy/Geological Survey of the Netherlands 2012.

Neugebauer/Finkbeiner 2012
Neugebauer, S./Finkbeiner, M.: *Ökobilanz nach ISO 14040/44 für das Multirecycling von Stahl*, Düsseldorf: Wirtschaftsvereinigung Stahl/Stahlinstitut VDEh 2012.

Oei et al. 2014
Oei, P./Kemfert, C./Reiz, F./von Hirschhausen, C.: *Braunkohleausstieg – Gestaltungsoptionen im Rahmen der Energiewende* (Politikberatung kompakt), Berlin: Deutsches Institut für Wirtschaftsforschung 2014.

Olfe-Kräutlein et al. 2016
Olfe-Kräutlein, B./Naims, H./Bruhn, T./Lorente Lafuente, A. M.: *CO_2 als Wertstoff – Herausforderungen und Potenziale für die Gesellschaft*, Potsdam: Institute for Advanced Sustainability Studies (IASS) 2016.

Perdan et al. 2017
Perdan, S./Jones, C. R./Azapagic, A.: „Public Awareness and Acceptance of Carbon Capture and Utilisation in the UK". In: *Sustainable Production and Consumption*, 10, 2017, S. 74–84.

Pérez-Calvo et al. 2017
Pérez-Calvo, J.-F./Sutter, D./Gazzani, M./Mazzotti, M.: „Application of a Chilled Ammonia-Based Process for CO_2 Capture to Cement Plants". In: *Energy Procedia*, 114, 2017, S. 6197–6205.

Pietzner/Schumann 2012
Pietzner, K./Schumann, D.: *Akzeptanzforschung zu CCS in Deutschland. Aktuelle Ergebnisse, Praxisrelevanz,* Perspektiven, München: Oekom-Verlag 2012.

Piria et al. 2016
Piria R./Naims, H./Lorente Lafuente, A. M.: *Carbon Capture and Utilization (CCU): Klimapolitische Einordnung und innovationspolitische Bewertung* (Bericht), Berlin/Potsdam: adelphi, IASS 2016.

Port of Rotterdam 2017
Port of Rotterdam: „Port Authority, Gasunie and EBN Studying Feasibility of CCS in Rotterdam" (Pressemitteilung vom 06.11.2017). URL: https://www.portofrotterdam.com/en/news-and-press-releases/port-authority-gasunie-and-ebn-studying-feasibility-of-ccs-in-rotterdam [Stand: 29.06.2018].

Riis/Halland 2014
Fridtjof, R./Halland, E.: „CO_2 Storage Atlas of the Norwegian Continental Shelf: Methods Used to Evaluate Capacity and Maturity of the CO_2 Storage Potential". In: *Energy Procedia,* 63, 2014, S. 5258–5265.

Rogelj et al. 2015
Rogelj, J./Luderer, G./Pietzcker, R. C./Kriegler, E./Schaeffer, M./Krey, V./Riahi, K.: „Energy System Transformations for Limiting End-of-Century Warming to below 1.5 °C". In: *Nature Climate Change,* 5, 2015, S. 519–527.

Rütters et al. 2015
Rütters, H./Bettge, D./Eggers, R./Kather, A./Lempp, C./Lubenau, U.: *CO_2-Reinheit für die Abscheidung und Lagerung (COORAL) – Synthese* (Syntheseberich), Hannover: Bundesanstalt für Geowissenschaften und Rohstoffe (BGR) 2015.

SAPEA 2018
Science Advice for Policy by European Academies (SAPEA): *Novel Carbon Capture and Utilisation Technologies: Research and Climate Aspects,* Berlin 2018.

Scheer et al. 2014
Scheer, D./Konrad, W./Renn, O./Scheel, O.: *Energiepolitik unter Strom: Alternativen der Stromerzeugung im Akzeptanztest,* München: Oekom-Verlag 2014.

Scheer et al. 2017
Scheer, D./Konrad, W./Wassermann, S.: „The Good, the Bad, and the Ambivalent: A Qualitative Study of Public Perceptions towards Energy Technologies and Portfolios in Germany". In: *Energy Policy,* 100, 2017, S. 89–100.

Schenuit et al. 2016
Schenuit, C./Heuje, R./Paschke, J: *Potenzialatlas Power to Gas. Klimaschutz umsetzen, erneuerbare Energien integrieren, regionale Wertschöpfung ermöglichen,* Berlin: Deutsche Energie-Agentur GmbH (dena) 2016.

Schramm 2014
Schramm, S.: „Unser umtriebiges Element". In: *DIE ZEIT,* 40, 2014, S. 37–38.

Schumann 2014
Schumann, D.: *Akzeptanz von CO_2-Offshore-Speicherung, CO_2-Onshore-Speicherung und CO_2-Transport per Pipeline in der deutschen Bevölkerung* (STE-Research Report No. 02/2014), Jülich: Institut für Energie- und Klimaforschung. Systemforschung und Technologische Entwicklung (IEK-STE) 2014.

Scott et al. 2013
Scott, V./Gilfillan, S./Markusson, N./Chalmers, H./Haszeldine, R. S.: „Last Chance for Carbon Capture and Storage". In: *Nature Climate Change,* 3, 2013, S. 105–111.

Scott et al. 2015
Scott, V./Haszeldine, R. S./Tett, S. F. B./Oschlies, A.: „Fossil Fuels in a Trillion Tonne World". In: *Nature Climate Change,* 5, 2015, S. 419–423.

Seigo et al. 2014
Seigo, S. L'Orange/Dohle, S./Siegrist, M.: „Public Perception of Carbon Capture and Storage (CCS): A Review". In: *Renewable and Sustainable Energy Reviews,* 38, 2014, S. 848–863.

Siegemund et al. 2017
Siegemund, S./Schmidt, P./Trommler, M./Weindorf, W./Kolb, O./Zittel, W./Zinnecker, V./Raksha, T./Zerhusen, J.: *The Potential of Electricity-Based Fuels for Low-Emission Transport in the EU* («E-FUELS» STUDY), Berlin: Deutsche Energie-Agentur GmbH (dena) 2017.

Siemens AG 2018
Siemens AG (Hrsg.): *Künstliche Photosynthese – aus Kohlendioxid Rohstoffe gewinnen*, 2018. URL: http://www.siemens.com/innovation/de/home/pictures-of-the-future/forschung-und-management/materialforschung-und-rohstoffe-CO$_2$tovalue.html [Stand: 03.07.2018].

Smit et al. 2014
Smit, B./Park, A.-H. A./Gadikota, G.: „The Grand Challenges in Carbon Capture, Utilization, and Storage". In: *Frontiers in Energy Research*, 2, 2014.

Solidia Technologies 2017
Solidia Technologies: *The Science behind Solidia Cement and Solidia Concrete*, 2017. URL: http://solidiatech.com/wp-content/uploads/2017/01/Solidia-Technologies-Science-Backgrounder-Jan-2017-FINAL.pdf [Stand: 03.07.2018].

Statista GmbH 2018
Statista GmbH: *Die zehn Länder mit dem größten Anteil am CO$_2$-Ausstoß weltweit im Jahr 2016*, 2018. URL: https://de.statista.com/statistik/daten/studie/179260/umfrage/die-zehn-groessten-c02-emittenten-weltweit/ [Stand: 09.07.2018].

Statistics Explained 2017a
Statistics Explained: *Net Electricity Generation, EU-28, 1990–2015 (Million GWh) YB17-de.png*, 2017. URL: http://ec.europa.eu/eurostat/statistics-explained/index.php/File:Net_electricity_generation,_EU-28,_1990-2015_(million_GWh)_YB17-de.png [Stand: 03.07.2018].

Statistics Explained 2017b
Statistics Explained: *Net Electricity Generation, EU-28, 2015 (% of Total, Based on GWh) YB17-de.png*, 2017. URL: http://ec.europa.eu/eurostat/statistics-explained/index.php/File:Net_electricity_generation,_EU-28,_2015_(%25_of_total,_based_on_GWh)_YB17-de.png [Stand: 03.07.2018].

Sternberg/Bardow 2015
Sternberg, A./Bardow, A.: „Power-to-What? – Environmental Assessment of Energy Storage Systems". In: *Energy & Environmental Science*, 2, 2015, S. 389–400.

Styring et al. 2011
Styring, P./Jansen, D./de Coninck, H./Reith, H./Armstrong, K.: *Carbon Capture and Utilisation in the Green Economy*, York: The Centre for Low Carbon Futures 2011.

TechnologieAllianz 2018
TechnologieAllianz – Deutscher Verband für Wissens- und Technologietransfer e. V.: *Verfahren zur Erdgasförderung aus Kohlenwasserstoff-Hydraten bei gleichzeitiger Speicherung von Kohlendioxid in geologischen Formationen*, 2018. URL: https://www.inventionstore.de/angebot/621 [Stand: 03.07.2018].

thyssenkrupp AG 2018
thyssenkrupp AG: *Unser Projekt Carbon2Chem*, 2018. URL: https://www.thyssenkrupp.com/de/carbon2chem/ [Stand: 29.06.2018].

TU Clausthal 2018
Technische Universität Clausthal-Zellerfeld (TU Clausthal): *Erste Eignungsbewertung des Feldes A6/B4 für die Kohlendioxid-Speicherung*, Clausthal-Zellerfeld 2018.

UBA 2015
Umweltbundesamt (UBA): *Treibhausgasneutrales Deutschland im Jahr 2050* (Hintergrund), Dessau-Roßlau 2013.

UBA 2018a
Umweltbundesamt (UBA): *Nationale Trendtabellen für die deutsche Berichterstattung atmosphärischer Emissionen* (Fassung zur EU-Submission 15.01.2018, Arbeitsstand: 18.12.2017), Dessau-Roßlau 2018.

UBA 2018b
Umweltbundesamt (UBA): *Berichterstattung unter der Klimarahmenkonvention der Vereinten Nationen und dem Kyoto-Protokoll 2018* (Nationaler Inventarbericht zum Deutschen Treibhausgasinventar 1990 – 2016, Umweltbundesamt – UNFCCC-Submission), Dessau-Roßlau 2018.

Universität Stuttgart 2015
Universität Stuttgart: *Verbundprojekt sunfire: Herstellung von Kraftstoffen aus CO$_2$ und H2O unter Nutzung regenerativer Energie*, Stuttgart: Universität Stuttgart Lehrstuhl für Bauphysik (LBP) 2015.

US DOE 2015
U.S. Department of Energy (US DOE): *Innovative Concepts for Beneficial Reuse of Carbon Dioxide*, 2015. URL: https://www.energy.gov/fe/innovative-concepts-beneficial-reuse-carbon-dioxide-0 [Stand: 29.06.2018].

US EPA 2018
U.S. Environmental Protection Agency (US EPA): *Biofuels and the Environment. Second Triennial Report to Congress*, Washington 2018.

Van Heek et al. 2017a
Van Heek, J./Arning, K./Ziefle, M.: „Differences between Laypersons and Experts in Perceptions and Acceptance of CO_2-Utilization for Plastics Production". In: *Energy Procedia,* 114, 2017, S. 7212–7223.

Van Heek et al. 2017b
Van Heek, J./Arning, K./Ziefle, M.: „Reduce, Reuse, Recycle: Acceptance of CO_2-Utilization for Plastic Products". In: *Energy Policy,* 105, 2017, S. 53–66.

VCI 2018
Verband der Chemischen Industrie e. V. (VCI): *Rohstoffbasis der chemischen Industrie (Daten und Fakten)*, Frankfurt am Main 2018.

Von der Assen et al. 2013
Von der Assen, N./Jung, J./Bardow, A.: „Life-Cycle Assessment of Carbon Dioxide Capture and Utilization: Avoiding the Pitfalls". In: *Energy & Environmental Science,* 9, 2013, S. 2721–2734.

Von der Assen/Bardow 2014
Von der Assen, N./Bardow, A.: „Life Cycle Assessment of Polyols for Polyurethane Production Using CO_2 as Feedstock: Insights from an Industrial Case Study". In: *Green Chemistry,* 6, 2014, S. 3272–3280.

Wallquist et al. 2010
Wallquist, L./Visschers, V. H. M./Siegrist, M.: „Impact of Knowledge and Misconceptions on Benefit and Risk Perception of CCS". In: *Environmental Science & Technology,* 44: 17, 2010, S. 6557–6562.

Whiriskey/Helseth 2016
Whiriskey, K./Helseth, J.: *Manufacturing our Future: Industries, European Regions and Climate Action,* Brüssel: Bellona Europa 2016.

Wolf et al. 2016
Wolf, J. L./Niemi, A./Bensabat, J./Rebscher, D.: „Benefits and Restrictions of 2D Reactive Transport Simulations of CO_2 and SO_2 Co-Injection into a Saline Aquifer Using TOUGHREACT V3.0-OMP". In: *International Journal of Greenhouse Gas Control,* 54, 2016, S. 610–626.

World Economic Forum 2014
World Economic Forum: *Towards the Circular Economy: Accelerating the Scale-Up across Global Supply Chains,* Genf 2014.

ZEP 2013
Zero Emissions Platform (ZEP): *CO_2 Capture and Use (CCU) – The Potential to Reduce CO_2 Emissions and Accelerate CCS Deployment in Europe,* London 2013.

Zimmermann/Kant 2017
Zimmermann, A./Kant, M.: *CO_2 Utilization Today* (Report 2017), Berlin: Department of Reaction Engineering – Technische Universität Berlin 2017.

Zuberi/Patel 2017
Zuberi, M. J. S./Patel, M. K.: „Bottom-Up Analysis of Energy Efficiency Improvement and CO_2 Emission Reduction Potentials in the Swiss Cement Industry". In: *Journal of Cleaner Production,* 142: 4, 2017, S. 4294–4309.

acatech – Deutsche Akademie der Technikwissenschaften

acatech vertritt die deutschen Technikwissenschaften im In- und Ausland in selbstbestimmter, unabhängiger und gemeinwohlorientierter Weise. Als Arbeitsakademie berät acatech Politik und Gesellschaft in technikwissenschaftlichen und technologiepolitischen Zukunftsfragen. Darüber hinaus hat es sich acatech zum Ziel gesetzt, den Wissenstransfer zwischen Wissenschaft und Wirtschaft zu unterstützen und den technikwissenschaftlichen Nachwuchs zu fördern. Zu den Mitgliedern der Akademie zählen herausragende Wissenschaftlerinnen und Wissenschaftler aus Hochschulen, Forschungseinrichtungen und Unternehmen. acatech finanziert sich durch eine institutionelle Förderung von Bund und Ländern sowie durch Spenden und projektbezogene Drittmittel. Um den Diskurs über technischen Fortschritt in Deutschland zu fördern und das Potenzial zukunftsweisender Technologien für Wirtschaft und Gesellschaft darzustellen, veranstaltet acatech Symposien, Foren, Podiumsdiskussionen und Workshops. Mit Studien, Empfehlungen und Stellungnahmen wendet sich acatech an die Öffentlichkeit. acatech besteht aus drei Organen: Die Mitglieder der Akademie sind in der Mitgliederversammlung organisiert; das Präsidium, das von den Mitgliedern und Senatoren der Akademie bestimmt wird, lenkt die Arbeit; ein Senat mit namhaften Persönlichkeiten vor allem aus der Industrie, aus der Wissenschaft und aus der Politik berät acatech in Fragen der strategischen Ausrichtung und sorgt für den Austausch mit der Wirtschaft und anderen Wissenschaftsorganisationen in Deutschland. Die Geschäftsstelle von acatech befindet sich in München; zudem ist acatech mit einem Hauptstadtbüro in Berlin und einem Büro in Brüssel vertreten.

Weitere Informationen unter www.acatech.de

Herausgeber:

acatech – Deutsche Akademie der Technikwissenschaften, 2018

Geschäftsstelle	Hauptstadtbüro	Brüssel-Büro
Karolinenplatz 4	Pariser Platz 4a	Rue d'Egmont/Egmontstraat 13
80333 München	10117 Berlin	1000 Brüssel (Belgien)
T +49 (0)89/52 03 09-0	T +49 (0)30/2 06 30 96-0	T +32 (0)2/2 13 81-80
F +49 (0)89/52 03 09-900	F +49 (0)30/2 06 30 96-11	F +32 (0)2/2 13 81-89

info@acatech.de
www.acatech.de

Empfohlene Zitierweise:
acatech (Hrsg.): *CCU und CCS – Bausteine für den Klimaschutz in der Industrie* (acatech POSITION), München: Herbert Utz Verlag 2018.

ISSN 2192-6166/ISBN 978-3-8316-4718-7

Bibliografische Information der Deutschen Nationalbibliothek
Die Deutsche Nationalbibliothek verzeichnet diese Publikation in der Deutschen Nationalbibliografie; detaillierte bibliografische Daten sind im Internet über http://dnb.d-nb.de abrufbar.

Dieses Werk ist urheberrechtlich geschützt. Die dadurch begründeten Rechte, insbesondere die der Übersetzung, des Nachdrucks, der Entnahme von Abbildungen, der Widergabe auf fotomechanischem oder ähnlichem Wege und der Speicherung in Datenverarbeitungsanlagen bleiben – auch bei nur auszugsweiser Verwendung – vorbehalten.

Copyright © Herbert Utz Verlag GmbH • 2018

Koordination: Dr. Marcus Wenzelides
Redaktion: Evi Draxl
Layout-Konzeption: Groothuis, Hamburg
Titelfotos: iStock.com/cpsnell (links), iStock.com/sdlgzps (Mitte), iStock.com/mmmxx (rechts)
Konvertierung und Satz: Fraunhofer IAIS, Sankt Augustin

Printed in EC
Herbert Utz Verlag GmbH, München
Die Originalfassung der Publikation ist verfügbar auf www.utzverlag.de